Past and Future Heritage in the Pipelines Corridor

Azerbaijan Georgia Turkey

Boru Kəmərləri Dəhlizində Keçmiş və Gələcək İrs

Azərbaycan Gürcüstan Türkiyə

Past and Future Heritage in the Pipelines Corridor

Azerbaijan Georgia Turkey

Boru Kəmərləri Dəhlizində Keçmiş və Gələcək İrs

Azərbaycan Gürcüstan Türkiyə

Paul Michael Taylor

Christopher R. Polglase

Najaf Museyibli

Jared M. Koller

Troy A. Johnson

Pol Maykl Teylor

Kristofer R. Polqleyz

Nəcəf Müseyibli

Cared M. Koller

Troy A. Conson

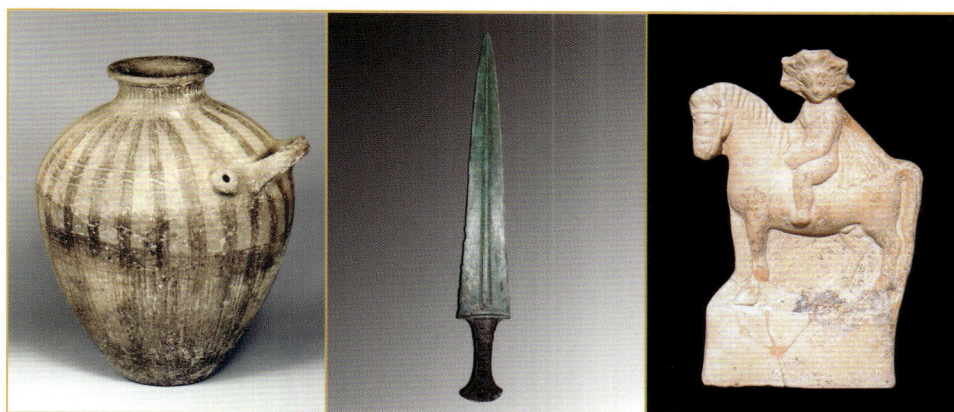

New discoveries from excavations by the Institute of Archaeology and Ethnography (Baku, Azerbaijan), the Georgian National Museum (Tbilisi, Georgia), and Gazi University (Ankara, Turkey)

Asian Cultural History Program
Smithsonian Institution

Arxeologiya və Etnoqrafiya İnstitutu (Bakı, Azərbaycan), Gürcüstan Dövlət Muzeyi (Tbilisi, Gürcüstan) və Qazi Universiteti (Ankara, Türkiyə) tərəfindən aparılmış arxeoloji qazıntılar zamanı aşkar edilmiş yeni arxeoloji tapıntılar

Asiya Mədəniyyət Tarixi Proqramı
Smitsonian İnstitutu

This publication is the first product of grant number G-08-BPCS-151448 from BP Exploration Caspian Sea Ltd to the Smithsonian Institution, entitled "Provision of the Cultural Heritage Public Outreach and Capacity Building Programme in the AGT Pipeline Corridor Regions."

An online publication on this topic with the title "AGT: Ancient Heritage in the BTC-SCP Pipelines Corridor, Azerbaijan - Georgia - Turkey" accompanies this book and may be found at http://www.agt.si.edu. Visitors to this website will find archaeological site reports and a more extensive bibliography.

"AGT boru kəməri dəhlizi regionlarında mədəni irs haqqında məlumatların ictimaiyyətə çatdırılması və qabiliyyətlərin yaradılması proqramı" adlı bu nəşr BP Eksploreyşn Kaspian Si Ltd şirkətinin Smitsonian İnstitutuna ayırdığı G-08-BPCS-151448 saylı qrantın ilk məhsuludur.

"AGT: BTC-CQ boru kəmərləri dəhlizində qədim irs, Azərbaycan-Gürcüstan-Türkiyə" mövzusu ilə bağlı onlayn nəşr bu kitabı müşayiət edir ki, onunla http://www.achp.si.edu/agt. vebsaytında tanış olmaq olar. Bu vebsayta daxil olan şəxslər orada arxeoloji sahələr haqqında hesabatlar və daha geniş biblioqrafiya ilə tanış olacaqlar.

Müəlliflik hüququ © 2011, Smitsonian İnstitutu, Bu kitab eyni zamanda ingilis-azərbaycan və ingilis- gürcü dillərində iki nəşrdə çap olunub. ISBN: ingilis dili-azərbaycan dili: 9780972455749 (nazik cildli); 9780972455763 (qalın cildli); ingilis dili-gürcü dili: 9780972455756 (nazik cildli); 9780972455770 (qalın cildli).

Cataloging-in-Publication Data (U.S.A.)
Past and future heritage in the pipelines corridor : Azerbaijan, Georgia, Turkey = Boru kəmərləri dəhlizində keçmiş və gələcək irs : Azərbaycan, Gürcüstan, Türkiyə / Paul Michael Taylor … [et al.].
  p. cm.
  English and Azerbaijani.
  Includes bibliographical references.
  ISBN-13: 978-09724557-4-9 (softcover); 978-0-9724557-6-3 (hardcover)
  1. Excavations (Archaeology)—Azerbaijan. 2. Excavations (Archaeology)—Georgia (Republic). 3. Excavations (Archaeology) —Turkey, Eastern. 4. Azerbaijan—Antiquities. 5. Georgia (Republic) —Antiquities. 6. Turkey, Eastern—Antiquities. 7. Silk road— Antiquities. 8. Petroleum pipelines—Caucasus, South. 9. Petroleum pipelines—Turkey, Eastern. I. Taylor, Paul Michael, 1953- II. National Museum of Natural History (U.S.). Asian Cultural History Program.
DS56.P372 2011

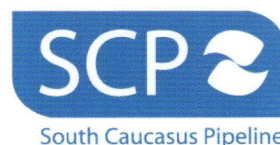

Smithsonian Institution

bp

btc

SCP
South Caucasus Pipeline

Table of Contents

Mündəricat

Rock art displaying two human figures interlocking hands at the Gobustan National Historical-Artistic Preserve.

Qobustan Milli Tarix və Mədəniyyət Qoruğunda bir-birinin əlindən tutmuş insan fiqurları əks olunan qayaüstü təsvir.

A view of excavation activities along the
Baku-Tbilisi-Ceyhan (BTC) pipeline in Georgia.

Gürcüstanda Bakı-Tbilisi-Ceyhan (BTC) boru
kəməri boyunca aparılan arxeoloji qazıntı işlərinin
görüntüsü.

The Sultanahmet Mosque (also known as the Blue Mosque) in Istanbul was commissioned by Sultan Ahmet I and completed during the early 17th century AD.

İstanbulda Sultanəhməd Məscidi (eyni zamanda Göy Məscid kimi də tanınır) 1-ci Sultan Əhməd tərəfindən inşa etdirilməyə başlanmış və bizim eranın 17-ci əsrinin əvvəlində tamamlanmışdır.

An artisan crafting beautiful traditional metal wares in Azerbaijan.

Azərbaycanda gözəl ənənəvi metal məmulatlar hazırlayan sənətkar

An Azerbaijani woman baking flatbread (chorek) in a wood-fired tandir.

Odun yandırılan *təndirdə* kökə (*çörək*) bişirən Azərbaycan qadını.

The famous defensive walls and Maiden's Tower of Ichari Shahar (Baku's "inner city") were constructed in the 12th century AD.

İçərişəhərin (Bakının "içəri şəhər" hissəsi) məşhur müdafiə divarları və Qız qalası bizim eranın 12-ci əsrində inşa olunmuşdur.

Tbilisi, a city of roughly one and a half million people, is the capital and largest city of Georgia, gracing the banks of the Mtkvari (Kura) River in the eastern part of the country.

Təxminən bir milyon yarım əhali yaşayan Tbilisi Gürcüstanın paytaxtı və ən böyük şəhəridir. Bu şəhər ölkənin şərq hissəsində Kür çayının sahillərinə yaraşıq verir.

Magnificently spanning the Bosporus Strait, the
First Bosporus Bridge in Istanbul connects Orakoy
(in Europe) and Beylerbeyi (in Asia). Completed in
1973, the bridge embodies Turkey's historic role
linking Europe and Asia.

Möhtəşəm Bosfor boğazının üstündən keçən Birinci
Bosfor körpüsü İstanbulda Ortaköy (Avropa sahili)
ilə Bəylərbəyini (Asiya sahili) birləşdirir. Tikintisi
1973-cü ildə tamamlanmış bu körpü Avropa ilə
Asiyanı birləşdirməklə Türkiyənin tarixi rolunu əks
etdirir.

BLACK SEA

TURKEY

Er

Ceyhan

MEDITERRANEAN SEA

A map of the Baku-Tbilisi-Ceyhan (BTC) and South Caucasus (SCP) pipelines, from the Caspian to the Mediterranean.

Bakı-Tbilisi-Ceyhan (BTC) və Cənubi Qafqaz (CQ) boru kəmərlərinin Xəzər dənizindən Aralıq dənizinə qədər xəritəsi

CHAPTER 1

From the Caspian to the Mediterranean

The Purpose of This Project

The Caucasus and Anatolia, including the present-day nations of Azerbaijan, Georgia, and Turkey, are home to some of the world's most ancient cultures. Throughout the region, prehistoric and historic cultures left a vast wealth of archaeological treasures that fascinate archaeologists and historians. In Azerbaijan, the majestic rock faces of Gobustan that project high above the shore of the Caspian Sea form the "canvas" on which hundreds of generations of artists inscribed their ancient rock art, beginning perhaps 20,000 years ago.

FƏSİL 1

Xəzər dənizindən Aralıq dənizinə qədər

Bu layihənin məqsədi

Qafqaz və Anadolu Azərbaycan, Gürcüstan və Türkiyə xalqlarının mədəniyyətləri də daxil olmaqla, dünyanın bir neçə ən qədim mədəniyyətinin beşiyidir. Bu region boyunca tarixə qədər və tarixdə qeydə alınmış mədəniyyətlər arxeoloji xəzinələrdən ibarət çox böyük sərvət qoyub getmişdir. Həmin sərvət arxeoloqları və tarixçiləri hər zaman heyrətləndirmişdir. Azərbaycanda Xəzər dənizi sahilində yerləşən Qobustandakı qayaların əzəmətli və əsrarəngiz səthləri, bəlkə də, 20.000 ildən bu yana yüzlərlə rəssamlar nəslinin öz qədim qayaüstü təsvirlərini həkk etdiyi bir "kətan" olmuşdur.

Images of boats, animals, and people from Azerbaijan's ancient past can be found among the rock art. The earliest traces of humankind's prehistory in this ancient land were found at Dmanisi, Georgia, in 1991, where the remains of humanity's 1.8 million-year-old ancestors were discovered. In Turkey, an intriguing repository of pottery at Ziyaretsuyu that can be traced to the 2nd century BC raises absorbing questions about travelers and settlers in the region.

For thousands of years, silk, gold, ivory, spices, and perfumes were transported across trade routes through the region that connected East Asia, Africa, the Middle East, and Europe. The peoples of the region are justly proud that today its historic status as a crossroad of trade and culture is being revived. This revival is partly a result of national independence since the dissolution of the Soviet Union and partly due to the relatively recent discovery of new large Caspian Basin hydrocarbon reserves. The construction of the massive pipelines system that carries both crude oil and natural gas through Azerbaijan, Georgia, and Turkey to world markets spurred an unparalleled period of archaeological research in the region, which led to extraordinary finds along the pipelines route from the Caspian to the Mediterranean, and generated knowledge about the history and cultures of the region. In this and in many less tangible ways, the pipelines are a new gateway to the region's past, and open a promising window to its future.

Qayaüstü rəsmlər arasında Azərbaycanın qədim keçmişinə aid qayıq, heyvan və insan təsvirləri ilə tanış olmaq mümkündür. Bəşəriyyətin bu qədim torpaqda tarixə qədərki ilkin izləri 1991-ci ildə Gürcüstanın Dmanisi bölgəsində də tapılmışdır. Orada 1,8 milyon il yaşı olan hominid qalıqları aşkar olunmuşdur. Türkiyədəki Ziyarətsuyu sahəsində tarixi e. ə. 2-ci əsrə gedib çıxan sirli-sehirli dulusçuluq anbarı bölgədə olmuş səyyahlar və məskunlaşmış insanlar haqqında çox maraqlı suallar yaradır.

Minilliklər ərzində ipək, qızıl, fil sümüyü, ədviyyat və ətriyyatlar bu region boyunca Şərqi Asiya, Afrika, Yaxın Şərq, Avropa və Avrasiyanı birləşdirən ticarət marşrutları ilə daşınmışdır. Bu bölgənin xalqları haqlı olaraq fəxr edirlər ki, indi onların ticarət və mədəniyyətlərin yol kəsişməsi kimi tarixi mövqeyi yenidən cana gəlir. Bu, bir tərəfdən Sovet İttifaqı süqut edəndən sonra ölkələrin müstəqillik əldə etməsinin nəticəsində, digər tərəfdən də son vaxtlar Xəzər hövzəsində böyük neft ehtiyatlarının kəşf olunması sayəsində baş vermişdir. Xam neft və təbii qaz ehtiyatlarını Azərbaycan, Gürcüstan və Türkiyədən keçməklə dünya bazarlarına daşıyan nəhəng boru kəmərləri sisteminin tikintisi bu bölgədə arxeoloji tədqiqatların misilsiz bir dövrünün başlanmasına səbəb olmuş və Xəzər dənizindən Aralıq dənizinə qədər uzanan boru kəmərləri marşrutu boyunca qeyri-adi arxeoloji abidələrin aşkar edilməsi ilə regionun tarix və mədəniyyəti barədə biliklərin əldə olunmasına imkan yaratmışdır. Həm bu yolla, həm də digər bir çox nəzərə çarpan yollarla boru kəmərləri bu regionun keçmişinə açılan qapıya çevrilmiş, eyni zamanda, gələcəyinə ümidverici bir pəncərə açmışdır.

The city of Baku, the capital of Azerbaijan, overlooks the Caspian Sea. Today, Baku is a thriving metropolis of over two million people. It is the financial center of Azerbaijan, as well as the nucleus of the country's artistic, musical, and theatrical activities.

Azərbaycanın paytaxtı Bakı şəhəri Xəzər dənizinin sahilində yerləşir. Bu gün Bakı iki milyondan çox insanın yaşadığı gözəl bir şəhərdir. Eyni zamanda, Bakı Azərbaycanın maliyyə mərkəzi olmaqla yanaşı, ölkənin rəssamları, musiqiçiləri və teatr xadimlərinin fəaliyyət göstərdiyi bir mədəniyyət mərkəzidir.

The Azerbaijan Government House is an imposing structure. After formally declaring independence from the Soviet Union in 1991, Azerbaijan's first elected Parliament officially adopted a constitution in 1995.

Azərbaycanın "Hökumət evi" insanda dərin təəssürat yaradan möhtəşəm bir binadır. 1991-ci ildə Sovet İttifaqından rəsmi şəkildə ayrılaraq müstəqilliyini elan etdikdən sonra Azərbaycanın ilk dəfə seçilmiş parlamenti tərəfindən 1995-ci ildə rəsmi qaydada konstitusiya qəbul olunmuşdur.

To highlight the rich cultural heritage of the region, this book presents findings of a collaborative research initiative among archaeologists in Azerbaijan, Georgia, and Turkey and their colleagues from the Smithsonian Institution's Asian Cultural History Program, Office of Policy and Analysis, and Office of the Chief Information Officer. The recovery, collection management, and interpretation of the archaeological data presented here were financed by BP and its coventurers in the Caspian projects as part of their efforts to protect the cultural resources uncovered during the construction of the Baku-Tbilisi-Ceyhan (BTC) crude oil and adjacent South Caucasus (SCP) natural gas pipelines. The archaeological surveys of the pipeline route began in 2000, before construction commenced. The construction, which began in 2003, was accompanied by teams of Azerbaijani, Georgian, Turkish, British, and American archaeologists who traveled the entire length of the pipelines, a journey that contributed to the story of known archaeological sites in addition to discovering hundreds of previously unknown and unexcavated sites.

Regionun zəngin mədəni irsini diqqətə çatdırmaq üçün bu kitabda Azərbaycan, Gürcüstan və Türkiyə arxeoloqları və onların Smitsonian İnstitutunun Asiya Mədəniyyət Tarixi Proqramı, Siyasət və Təhlil ofisi, o cümlədən İnformasiya Xidməti üzrə baş məsul işçinin ofisindən olan həmkarları arasında birgə tədqiqat təşəbbüsünün nəticələri verilir. Burada verilən arxeoloji göstəricilərin aşkarlanması, toplanması, idarə olunması və interpretasiya edilməsi BP şirkəti və onun Xəzər enerji layihələrindəki tərəfdaşları tərəfindən maliyyələşdirilmişdir. Bu maliyyələşdirmə BP və tərəfdaşlarının Bakı-Tbilisi-Ceyhan (BTC) xam neft və ona yaxın Cənubi Qafqaz (CQ) təbii qaz boru kəmərlərinin tikintisi zamanı aşkar edilmiş mədəniyyət abidələrinin qorunması istiqamətində gördüyü işlərin tərkib hissəsi kimi həyata keçirilmişdir. Boru kəmərləri marşrutunda arxeoloji tədqiqat 2000-ci ildə, tikinti işlərindən öncə başlanmışdır. 2003-cü ildə başlanmış tikinti işləri Azərbaycan, Gürcüstan, Türkiyə, Britaniya və Amerikadan olan arxeoloqlardan ibarət qruplar tərəfindən həyata keçirilən tədqiqat işləri ilə müşayiət olunmuşdur. Bu qruplar boru kəmərlərinin bütün uzunluğu boyunca səfər edərək məlum arxeoloji sahələri təhlil etmiş, əvvəllər məlum olmayan və arxeoloji qazıntı işləri aparılmamış yüzlərlə sahəni aşkara çıxarmışlar.

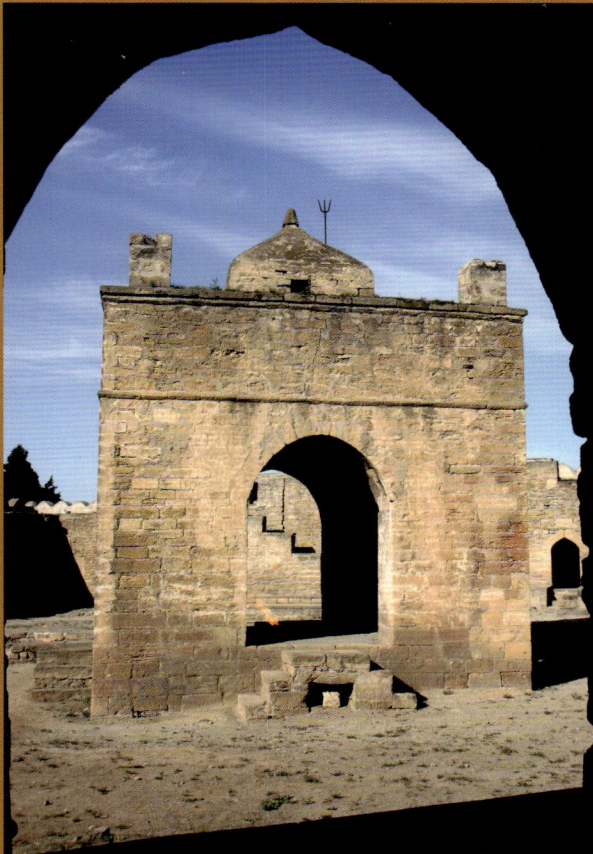

The Ateshgah "Fire Worshipers" Temple near Baku has its origins among Zoroastrians. A continuous flame on the site was once fed by natural gas deposits.

Bakı şəhəri yaxınlığında yerləşən və atəşpərəstlərin tapındığı "Atəşgah" məbədinin kökləri Zərdüştilik dövrünə qədər gedib çıxır. Sözügedən ərazidə fasiləsiz yanan alov öz mənbəyini bir vaxtlar təbii qaz yataqlarından almışdır.

The tomb sanctuary of King Antiochus I at Mount Nemrud was built on a mountaintop in what is now southeastern Turkey in 62 BC. Antiochus I forged an alliance with Rome during the war between Rome and the Parthians.

Kral 1-ci Antioxun Nemrud dağındakı məzar sərdabəsi dağın zirvəsində inşa olunmuşdur və indi Türkiyənin cənub-şərqində olan bu yerdə I Antiox e. ə. 62-ci ildə romalılar və parfiyalılar arasında gedən müharibə zamanı Roma ilə ittifaq bağlamışdır.

The salamuri, a Georgian reed instrument made of apricot wood, is often played at festivals by boys wearing traditional costumes.

Festivallarda ənənəvi milli kostyumlar geyinən oğlanlar ərik ağacından düzəldilən, salamuri adlanan gürcü tütəki çalırlar.

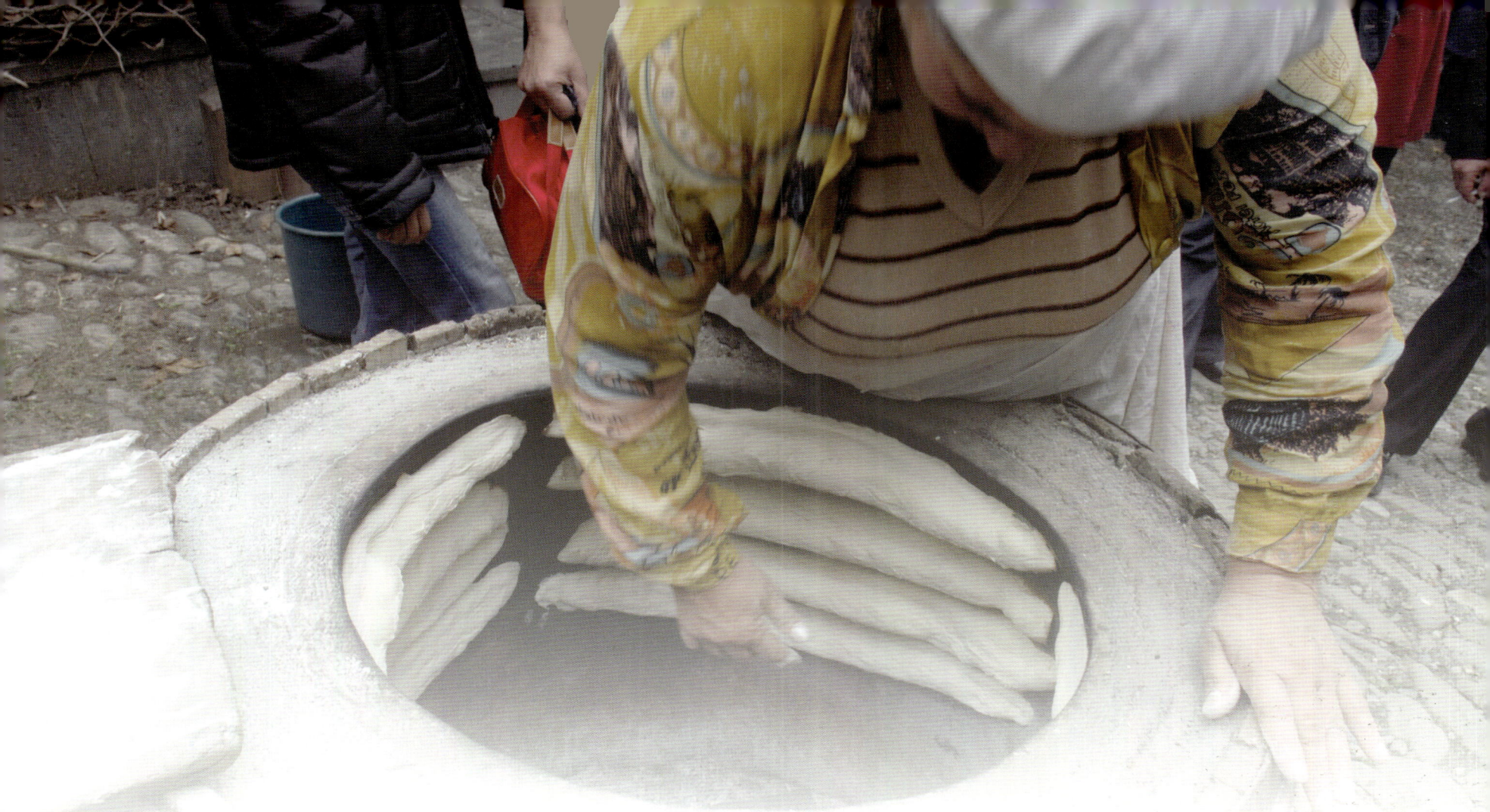

The Smithsonian team continues its international collaborative research efforts in this area. Partners in the region include Azerbaijan's Institute of Archaeology and Ethnography, Gobustan National Historical-Artistic Preserve and the Georgian National Museum. The Gobustan Preserve, located about 40 miles southwest of Azerbaijan's capital city of Baku, was declared a UNESCO World Heritage Site in 2007.

This book and its associated website (www.agt. si.edu) are examples of the public education and museum capacity-building efforts associated with this project. BP's support parallels its commitment to increasing awareness of biodiversity and protecting natural habitats, including initiatives that have mobilized tangible environmental changes throughout the region.

Smitsonian İnstitutunun qrupu bu ərazidə özünün birgə beynəlxalq tədqiqat işlərini davam etdirir. Bölgədəki tərəfdaşların sırasına Azərbaycan Arxeologiya, Qobustan Milli Tarix və Mədəniyyət Qoruğu və Etnoqrafiya İnstitutu və Gürcüstan Dövlət Muzeyi daxildir. Azərbaycanın paytaxtı Bakı şəhərinin cənub-qərbində, təxminən 40 km aralıda yerləşən Qobustan Qoruğu 2007-ci ildə YUNESKO-nun Dünya İrs Sahəsi elan edilmişdir.

Bu kitab və onun müvafiq vebsaytı (www.agt. si.edu) layihə ilə bağlı ictimai maarifləndirməyə və muzeylər üçün bilik-bacarıqların yaradılmasına dair nümunələrdir. BP şirkəti və tərəfdaşlarının bu işlərə verdiyi dəstək onların biomüxtəliflik haqqında məlumatlılıq səviyyəsinin artırılması və təbii yaşayış mühitlərinin qorunması ilə bağlı öhdəliklərindən, o cümlədən regionda əhəmiyyətli ekoloji dəyişiklikləri səfərbər etmək təşəbbüslərindən irəli gəlir.

A baker in Georgia uses a modern-day tandir-shaped oven to bake bread. The dough is pressed against the walls of the oven to bake.

Gürc üstanda çörəkçi çörəyi bişirmək üçün müasir təndir formalı sobadan istifadə edir. Kündə bişməsi üçün sobanın divarlarına sıxılır.

Rock art panels at the Gobustan National
Historical-Artistic Preserve date from as early as
the Paleolithic period.

Qobustan Milli Tarix və Mədəniyyət Qoruğundakı
qayaüstü təsvirlərin tarixi Paleolit dövründən
başlanır.

Petroglyphs of a hunter and a possible
shaman are a part of the legacy of the
early past discovered at the Gobustan
National Historical-Artistic Preserve.

Ovçu və kahin olduğu ehtimal edilən
insanın qayaüstü təsvirləri Qobustan Milli
Tarix və Mədəniyyət Qoruğunda aşkar
edilmiş qədim keçmişimizə aid irsin bir
hissəsidir.

During Stages 1 and 2 of the project from 2000 to 2003, potentially important archaeological sites were identified through field walks and aerial photography. This view from the Tsalka district in central Georgia shows the type of surface clearing that preceded excavations.

2000-ci ildən 2003-cü ilə qədər layihənin 1-ci və 2-ci mərhələləri ərzində nəzərdə tutulan boru kəməri marşrutu boyunca həyata keçirilmiş çöl işləri və aerofoto çəkilişləri nəticəsində potensial olaraq əhəmiyyət daşıyan arxeoloji sahələr müəyyənləşdirilmişdir. Mərkəzi Gürcüstanın Tsalka rayonundakı bu mənzərə sahənin arxeoloji qazıntıdan öncəki vəziyyətini əks etdirir.

The Pipelines

The Pipelines route—which runs through widely divergent climatic, geological, and geographic regions that have long been populated by numerous peoples—was not selected for its potential to facilitate archaeological excavations or spur the discovery of new cultural heritage in previously unexplored regions. Rather, it resulted from the practical considerations of bringing a vast new supply of crude oil and natural gas from the Caspian Sea to world markets in a way that both avoids the ecological risks posed by huge tankers passing through the Bosporus Strait and provides the newly independent post-Soviet states of the Caucasus control over the export of Azerbaijan's most valuable commodity. The pipelines construction has, nonetheless, given the region and the world a rare opportunity to increase our understanding of the past.

Boru kəmərləri

Hələ qədimdən çoxlu insanların məskunlaşdığı olduqca fərqli iqlim, geoloji və coğrafi xüsusiyyətlərə malik bölgələrdən keçən boru kəmərləri marşrutu əvvəllər arxeoloji kəşfiyyat işləri aparılmamış rayonlarda arxeoloji qazıntılara kömək etmək məqsədi ilə seçilməmişdir. Əksinə, bu seçim praktik mülahizələrə: həm Xəzər dənizinin zəngin xam neft və təbii qaz ehtiyatlarının dünya bazarlarına Bosfor boğazından keçən nəhəng tankerlərin törətdiyi ekoloji risklər aradan qaldırılaraq çatdırılmasına, həm də Sovet İttifaqı dağıldıqdan sonra yenicə müstəqillik qazanmış Qafqaz dövlətlərinin Azərbaycanın ən qiymətli sərvətinin ixracına nəzarət etməsinə imkan yaradılmasına əsaslanmışdır. Bununla yanaşı, boru kəmərlərinin tikintisi bu regiona və dünyaya keçmişi daha yaxşı başa düşmək üçün nadir imkan yaratmışdır.

The BTC pipeline starts at the Sangachal Terminal on the Caspian Sea in Azerbaijan, passes through the territory of Georgia, and ends at the Ceyhan Terminal on the Turkish coast of the Mediterranean, from which "Azeri light" crude oil of the Azeri-Chirag-Deep Water Guneshli field is delivered to international markets. The length of the BTC pipeline is 1,768 kilometers (1,099 miles): 443 kilometers (275 miles) in Azerbaijan, 249 kilometers (155 miles) in Georgia, and 1,076 kilometers (669 miles) in Turkey. Its diameter varies from 1.07 to 1.17 meters (42 to 46 inches), and it is currently transporting close to one million barrels of oil per day, with plans to increase capacity to handle additional volume.

The SCP transports natural gas from the Shah Deniz field on the Caspian Sea to Turkey. It follows the route of the BTC pipeline through Azerbaijan and Georgia into Turkey, where it connects with the Turkish gas distribution system. The total length of this pipeline is 691 kilometers (429 miles), divided between Azerbaijan and Georgia in the same proportions as the BTC pipeline, and measures 1.07 meters (42 inches) in diameter.

BTC xam neft kəməri öz başlanğıcını Azərbaycanda Xəzər dənizinin sahilində yerləşən Səngəçal terminalından götürür və Gürcüstan ərazisindən keçərək Aralıq dənizinin Türkiyə sahilində yerləşən Ceyhan terminalında başa çatır. Bu kəmərlə Azəri-Çıraq-Günəşli yatağından hasil edilən 'Azəri layt' adlandırılan xam neft beynəlxalq bazarlara çatdırılır. BTC boru kəmərinin uzunluğu 1.768 kilometrdir (1.099 mil): bunun 443 kilometri (275 mil) Azərbaycanda, 249 kilometri (155 mil) Gürcüstanda və 1.076 kilometri (669 mil) Türkiyədədir. Kəmərin diametri 1,07 metrdən 1,17 metrə qədər (42 düymdən 46 düymə qədər) dəyişir. Kəmər hazırda gün ərzində təxminən bir milyon barel neft nəql edir və əlavə neft həcmlərinin nəql olunması üçün boru kəmərinin ötürücülük gücünün artırılması planlaşdırılır.

Cənubi Qafqaz Boru Kəməri Xəzər dənizinin Şahdəniz yatağından hasil olunan təbii qazı Türkiyəyə nəql edir. Bu kəmər Azərbaycan və Gürcüstan əraziləri ilə Türkiyənin sərhədinə qədər BTC boru kəməri marşrutu boyunca uzanır və orada Türkiyənin qazpaylama sisteminə birləşir. Kəmərin ümumi uzunluğu 691 kilometrdir (429 mil), Azərbaycan və Gürcüstan hissələrinin uzunluğu BTC boru kəmərinin müvafiq hissələrinin uzunluğu ilə eynidir. Kəmərin diametri 1,07 metrdir (42 düym).

In addition to initial archaeological surveys, the impacts that the pipeline project would have on local communities such as this village located on the Kodiana Pass in Georgia, were examined. Preventive measures were taken so as not to permanently disrupt the lives of villagers.

İlk arxeoloji tədqiqatlara əlavə olaraq, Gürcüstanda Kodiana dərəsində yerləşən bu kənddə boru kəməri layihəsinin yerli icmalara göstərəcəyi təsirlər yoxlanılmışdır. Kəndlilərin həyat şəraitinin həmişəlik pozulmasının qarşısının alınması üçün önləyici tədbirlər görülmüşdür.

The AGT Pipelines Archaeology Program

The AGT (Azerbaijan, Georgia and Turkey) Pipelines Archaeology Program represents one of the most significant commitments to cultural heritage ever made by an international pipeline project. It was initiated as a result of the requirements of the international financial community that financed the pipelines, guidelines of the host countries, and BP's internal standards for environmental and cultural protection. The project will continue over the next several years through the implementation of archaeological and ecological projects in the three host countries.

AGT boru kəmərləri ilə bağlı arxeoloji proqram

AGT (Azərbaycan, Gürcüstan, Türkiyə) boru kəmərləri ilə bağlı arxeoloji proqramda mədəni irslə əlaqədar olaraq beynəlxalq boru kəməri şirkətinin heç vaxt öz üzərinə götürmədiyi ən əhəmiyyətli öhdəliklərdən biri öz əksini tapmışdır. Bu öhdəlik boru kəmərlərini maliyyələşdirən beynəlxalq maliyyə qurumlarının, tranzit əraziyə malik ölkə hökumətlərinin tələblərinə, BP şirkətinin ətraf mühit və mədəni irsin qorunması üçün daxili standartlarına uyğun olaraq götürülmüşdür. Bu öhdəlik tranzit əraziyə malik hər üç ölkədə arxeoloji və tarixi layihələr çərçivəsində növbəti bir neçə il ərzində davam edəcək.

Excavation leader Dr. Goderdzi Narimanishvili and Cultural Heritage Monitor Nino Erkomaishvili discuss their strategy at the Saphar Kharaba site in Georgia.

Qazma işlərinin rəhbəri Dr. Qoderdzi Narimanişvili və Mədəni İrs məsələlərinə nəzartçi Nino Erkomaişvili Gürcüstandakı Səfər Xaraba sahəsində öz strategiyalarını müzakirə edir.

In western Azerbaijan, a group of side booms travel along the pipeline corridor.

Azərbaycanın qərbində qolu yana açılmış borudüzən texnikadan ibarət qrup boru kəməri dəhlizi boyunca irəliləyir.

An archaeologist from Azerbaijan's Institute of Archaeology and Ethnography records one of the earliest kurgans (burial sites) in the region at an excavation site near the village of Soyuqbulaq.

Azərbaycanın Arxeologiya və Etnoqrafiya İnstitutunun (AEİ) arxeoloqu Soyuqbulaq kəndi yaxınlığındakı arxeoloji sahədə bölgənin qədim kurqanlarından birinin qeydiyyatını aparır.

Site Locations, Excavation, and Analysis

In coordination with national cultural heritage authorities, a staged program of archaeological research and excavation was developed in each of the host countries along the pipelines. The four initial stages occurred before and during the pipeline construction. Over the course of the first four stages, dozens of archaeological sites were found and sampled.

- Baseline surveys, staffed in part with local experts, comprised Stage 1. The results of these surveys led to alteration of the proposed pipeline route, as part of an overall strategy to work around areas of environmental and cultural sensitivity.

- Stage 2 began once the route was determined and the financial lenders approved it. This stage involved testing selected sites through limited excavations to identify cultural heritage resources of sufficient significance to warrant avoidance or mitigation initiatives, such as restricting construction areas or using protective measures such as fencing.

- Stage 3, which also began before the AGT pipeline construction began, involved a first round of excavations. They were planned well in advance with BP's national partner organizations so as to have clear research designs and protocols in place to maximize the data collected. Several methods of record keeping were employed during this stage, including drawings, photographs, and written documentation.

Arxeoloji sahənin yeri, qazıntı işləri və təhlillər

Tranzit əraziyə malik ölkələrin hər birində milli mədəni irs qurumları ilə əməkdaşlıq şəraitində boru kəməri boyunca arxeoloji tədqiqat və qazıntı işlərinin mərhələli proqramı işlənib hazırlanmışdır. İlk dörd mərhələ boru kəmərinin tikintisindən öncə və tikintisi ərzində həyata keçirilmişdir. İlk dörd mərhələnin gedişi ərzində onlarla arxeoloji sahə aşkar edilmiş və nümunələr götürülmüşdür.

- İlkin vəziyyətin öyrənilməsi üçün tədqiqatlar – həmin araşdırmaların aparılmasına qismən yerli mütəxəssislərin cəlb edilməsi – bunlar 1-ci mərhələ ərzində olmuşdur. Aparılmış tədqiqatların nəticələri ekologiya və mədəni irs baxımından həssas sahələrin ətrafında işləməklə bağlı ümumi strategiyanın bir hissəsi kimi boru kəmərinin nəzərdə tutulmuş marşrutunun dəyişdirilməsinə səbəb olmuşdur.

- Marşrut müəyyənləşdirildikdən və maliyyə kreditorlarının təsdiqi alındıqdan sonra arxeoloji tədqiqatın 2-ci mərhələsi başlanmışdır. Bu mərhələ seçilmiş sahələrin məhdud arxeoloji qazıntılar aparmaqla yoxlanılmasını əhatə edirdi. Məqsəd yan keçilməsi və ya təsirlərin azaldılması tədbirlərinin (tikinti sahələrinə giriş-çıxışın məhdudlaşdırılması və ya hasar çəkilməsi kimi qoruyucu tədbirlərdən istifadə olunması) görülməsi tələb olunan yetərincə əhəmiyyətli sahələri müəyyənləşdirmək idi.

- AGT boru kəmərinin tikinti işlərinə başlamamışdan öncə başlanmış 3-cü mərhələyə qazıntı işlərinin birinci dövrəsi daxil idi. Bu qazıntı işləri BP şirkətinin yerli tərəfdaş təşkilatları ilə birlikdə xeyli əvvəldən yüksək səviyyədə planlaşdırılmışdı ki, toplanan göstəriciləri maksimuma çatdırmaq üçün aydın tədqiqat layihələri və protokolları yerində olsun. Bu mərhələ ərzində çertyojlar, fotoşəkillər və yazılı sənədlər daxil olmaqla bir sıra qeydiyyat metodundan istifadə edilmişdir.

This frieze in the Old City in Baku captures images from the rock art in the Gobustan National Historical-Artistic Preserve.

Bakının İçərişəhər hissəsindəki bu təsvir Qobustan Milli Tarix və Mədəniyyət Qoruğundakı qayaüstü təsvirlə eyniyyət təşkil edir.

Past and Future Heritage in the Pipelines Corridor

The pipeline construction activities.

Boru kəmərinin tikinti işləri.

- Stage 4 involved excavations of new sites found during the actual construction process. A vital task was the development of policy and procedures for dealing with previously unknown archaeological sites found after construction commenced. These "late finds," generally consisting of scatterings of artifacts, also yielded unique and important discoveries. In many cases, BP, in consultation with national regulatory bodies, developed measures to avoid or abate damage to these late finds. Mitigation usually involved restricting impacts through the use of narrower construction zones combined with archaeological excavation.

A Muslim tombstone in Azerbaijan has been standing since the middle ages.

Azərbaycanda müsəlman qəbrinin baş daşı orta əsrlərdən bəri tərpənmədən yerində qalmışdır.

- 4-cü mərhələyə faktiki tikinti prosesi ərzində aşkar edilmiş yeni sahələrdə arxeoloji qazıntı işlərinin aparılması daxil olmuşdur. Digər bir əhəmiyyətli iş əvvəllər məlum olmayan, tikinti başlandıqdan sonra aşkar edilmiş arxeoloji sahələrlə məşğul olmaq üçün siyasət və prosedurların işlənib hazırlanması idi. Maddi mədəniyyət abidələrinin qalıqlarından ibarət olan bu "son tapıntılar" bir neçə nadir və önəmli kəşflərə səbəb olmuşdur. Bir çox hallarda BP şirkəti son tapıntılardan yan keçmək və ya müvafiq təsirazaltma tədbirləri görmək üçün milli dövlət qurumları ilə məsləhətləşmə şəraitində metodlar işləyib hazırlamışdır. Adətən, təsirazaltma tədbirlərinə arxeoloji qazıntı işləri ilə birlikdə daha ensiz tikinti zonalarından istifadə etməklə təsirlərin məhdudlaşdırılması daxil olmuşdur.

Mud flows from volcanoes in Azerbaijan dating back to ancient times indicate geothermal activity in the Caspian region.

Azərbaycandakı vulkanlardan qədim zamanlara aid palçıq axınları Xəzər regionunda geotermal aktivliyi göstərir.

Upon completion of the excavation efforts, archaeological teams in the three countries turned their attention to Stage 5, which entailed the preparation of technical reports and monographs pertaining to the excavations. "Capacity-building" studies (described in more detail in Chapter 4) focused on the treatment and preservation of artifacts recovered during the project. This work was followed by the preparation of general public outreach materials, including this book, museum exhibits and a website that chronicles aspects of the archaeological project itself, as well as the lives and cultures of the ancient inhabitants of the region who created the artifacts. This stage will continue on, expanding what is known of the region's history: The pipeline project's exploration, interpretation, and stewardship is not yet finished, just as the region's human story continues to unfold.

The Davit Gareji Monastery in East Georgia was founded in the 6th century by Saint Davit (David), who once lived in a cave at this location. The complex grew over the centuries following his death and remains in use today.

Şərqi Gürcüstanda Davit kilsəsinin və monastrının əsası VI əsrdə Müqəddəs Davit (David) tərəfindən qoyulmuşdur. Həmin şəxs bir zamanlar bu yerdə mağarada yaşamışdır. Onun ölümündən sonra bu kompleks əsrlər keçdikcə inkişaf etmişdir və ondan bu gün də istifadə olunur.

Qazıntı işləri tamamlandıqdan sonra üç ölkədəki arxeologiya qrupları öz diqqətlərini arxeoloji qazıntılarla bağlı texniki hesabatlar və monoqrafiyaların hazırlanmasını əhatə edən 5-ci mərhələyə yönəltmişlər. "Qabiliyyətlərin yaradılması"na dair araşdırmalarda (4-cü fəsildə daha ətraflı təsvir olunur) əsas diqqət layihə ərzində aşkar edilərək çıxarılmış maddi mədəniyyət qalıqlarının təmizlənməsi və qorunub saxlanması üzərində cəmləşmişdir. Bundan sonra kitab, muzey eksponatları, vebsayt daxil olmaqla materialların geniş ictimaiyyətə açıqlanması, arxeoloji layihənin özünün aspektləri və regionun aşkar edilmiş maddi mədəniyyət qalıqlarını yaratmış qədim sakinlərinin həyat və mədəniyyətləri xroniki ardıcıllıqla əks olunan səyyar sərgi təşkil olunmuşdur. Bu mərhələ davam edərək regionun tarixi ilə bağlı bilikləri genişləndirəcək. Kəşfiyyat, interpretasiya və rəhbərlik işləri hələ başa çatmamışdır, çünki regionun insan hekayətləri ilə bağlı sirlərinin açılması hələ davam edir.

The Turkish site Ziyaretsuyu, as seen from atop a nearby hill. When archaeologically significant sites such as this one were discovered, the pipeline route was diverted to minimize impacts on the sites.

Türkiyədə Ziyarətsuyu sahəsinin yaxınlıqdakı təpənin üstündən görünüşü. Bu cür arxeoloji baxımdan əhəmiyyətli sahələr aşkar edildikdən sonra BP şirkəti boru kəmərinin marşrutunu dəyişdirmişdir ki, sahələrə təsirləri minimuma endirmək mümkün olsun.

This statue in the heart of Baku commemorates Nizami Gyanjavi the great epic poet.

Bakının mərkəzində ucaldılmış bu heykəl görgəmli şair Nizami Gəncəvinin xatirəsinə həsr olunub.

A portion of the 12th century AD citadel wall surrounding the storied Ichari Shahar, or "Inner City," is preserved within Baku, Azerbaijan's capital. UNESCO listed the Ichari Shahar as a World Heritage site in 2000.

Azərbaycanın paytaxtı Bakı şəhərində qorunub saxlanmış əfsanəvi İçərişəhəri əhatə edən eramızın 12-ci əsrinə aid qala divarının bir hissəsi. YUNESKO İçərişəhəri 2000-ci ildə Dünya İrs sahəsi kimi siyahıya almışdır.

The inspiring Jvari Church sits atop a ridge overlooking Mtskheta, the ancient capital of Georgia; the remains of the timeworn town are dated earlier than 1000 BC.

Gürcüstanın qədim paytaxtı Mtsxeta şəhəri üzərində yüksələn və insanı vəcdə gətirən Djvari kilsəsi dağ silsiləsinin zirvəsindədir; bu çox qədim şəhərin qalıqlarının tarixi e. ə. 1000-ci ildən qədimə gedib çıxır.

The lavish Topkapi Palace complex in Istanbul, Turkey, was the primary residence of Ottoman sultans from 1465 until the mid-19th century.

İstanbuldakı füsunkar Topqapı Sarayı kompleksi 1465-ci ildən XIX əsrin ortasına qədər Osmanlı sultanlarının əsas iqamətgahı olmuşdur.

CHAPTER 2

Cultural History at the Crossroads

The construction of the BTC and SCP pipelines reinvigorated the region's historic role as a crossroads of world trade. Archaeological work undertaken as a part of the AGT Pipelines Archaeology Program has contributed greatly to understanding the individual cultures and histories of the host nations, and has documented their long record of interconnectedness over the past four millennia. The recent rebuilding of social and economic relationships in the region is one reoccurrence in this long history of connections. [1]

FƏSİL 2

Mədəniyyət Tarixi Yolların Kəsişməsində

BTC və Cənubi Qafqaz boru kəmərlərinin tikintisi bu regionun dünya ticarət yollarının kəsişdiyi yer kimi tarixi mövqeyini yenidən möhkəmləndirmişdir. AGT boru kəmərləri layihəsinin arxeoloji proqramının tərkib hissəsi olaraq həyata keçirilmiş arxeoloji iş bizə tranzit əraziyə malik ölkə xalqlarının fərqli mədəniyyət və tarixlərini başa düşməkdə çox böyük kömək göstərmiş və bu xalqların hələ qədim zamanlardan bir-biri ilə bağlı olduğunu da sənədləşdirmişdir. Hazırda regionda yenidən qurulan sosial və iqtisadi münasibətlər onun uzun tarixə malik əlaqələrində yeni bir hadisədir. [1]

This chapter presents a brief narrative of each country's cultural history, with selected examples of how the findings from along the pipelines' route have increased knowledge of them. The pipelines corridor covers only a small percentage of the total land area of the three nations, and the findings from the excavations are only a part of the data from which understanding of the past derives. Nonetheless the results of the AGT Pipelines Archaeological Program have expanded what is known about almost every time period in the history of the countries. The following chapter discusses the archaeological sites within each of the countries.

Bu fəsildə biz hər bir ölkənin mədəniyyət tarixinin çox qısa icmalını elə seçilmiş nümunələr əsasında təqdim edirik ki, marşrut boyunca aşkar olunmuş tapıntılar aid olduqları tarixi dövr barədə biliyimizi təkmilləşdirsin. Boru kəmərlərin dəhlizi tranzit əraziyə malik üç ölkənin ümumi quru ərazisinin çox kiçik bir hissəsini əhatə edir və bu dəhliz boyunca arxeoloji qazıntılar zamanı aşkarlanmış tapıntılar yalnız bizə keçmişimiz haqqında anlayış verən göstəricilərin cüzi bir hissəsidir. Buna baxmayaraq, AGT boru kəmərləri layihəsi ilə bağlı arxeoloji proqram, demək olar ki, bu ölkələrin hər birinin tarixi ilə bağlı bütün dövrlər barədə biliyimizi genişləndirmişdir. Növbəti fəsildə bu ölkələrin hər birində arxeoloji sahələr müzakirə olunur.

This mosaic, created by the Azerbaijani artist Huseyn Hagverdi, depicts the unifying nature of the pipeline that links Azerbaijan, Georgia and Turkey, including the resultant economic and cultural benefits. Each country is represented by images of historical monuments located in their respective capitals. The mosaic is located at the Caspian Enegry Centre at the Sangachal oil and gas terminal, 55km from Baku.

Azərbaycan rəssamı Hüseyn Haqverdi tərəfindən yaradılmış bu mozaika Azərbaycanı, Gürcüstanı və Türkiyəni birləşdirən boru kəmərinin ümumi xarakterini, o cümlədən nəticə etibarilə meydana çıxan iqtisadi və mədəni faydaları təsvir edir. Hər bir ölkə öz müvafiq paytaxtında yerləşən tarixi abidələrinin təsvirləri ilə təmsil olunub. Bu mozaika əsəri Bakıdan 55 km məsafədə yerləşən Səngəçal neft və qaz terminalındakı Xəzər Enerji mərkəzində yerləşir.

Azerbaijan

by Najaf Museyibli[2]

Paleolithic/Epipaleolithic Period (2 million years BC – circa 8000 years BC)

Archaeological excavations at Azikh cave in the Garabagh region of Azerbaijan demonstrate that ancient people populated this territory circa 2 million years ago. Discovered within the cave was a mandible fragment belonging to an Azikhantrop human that dates to 350,000-400,000 years ago in addition to one of the world's oldest discoveries: the remains of a fireplace dating to 700,000 years ago. The Middle Paleolithic Period, dating to approximately 150,000 years ago to 35,000-40,000 years ago, was the era of the Neanderthals. Rich artifact finds that were discovered in Azikh cave and neighboring Taghlar cave reflect the daily lifestyles and technological progresses (such as stone tool development) fostered by Middle Paleolithic people. Modern humans continually developed new technologies as they expanded geographically. Presently, modern human origin scholarship focuses on cave and shelter sites.

The Upper (Late) Paleolithic Period in the Caucasian and Anatolia regions commenced circa 35,000-40,000 years ago and progressed until the 14th millennium BC. This was followed by the Mesolithic-Epipaleolithic Period, which spanned from the 13th through the 8th millenniums BC. Technology continued to improve in the form of more complicated stone tools and the creation of some of the first examples of fine art. The germs of later forms of production developed during the Mesolithic Period. [3]

Azərbaycan

Nəcəf Müseyibli[2]

Paleolit/Epipaleolit dövrü (e. ə. 2 milyon il – e. ə. 8000 il)

Azərbaycanın Qarabağ bölgəsində Azıx mağarasında aparılmış arxeoloji qaxıntılar bu ərazidə qədim insanların təqribən 2 milyon il əvvəl məskunlaşdığını sübut etmişdir. Mağarada 350-400 min il əvvəl yaşamış Azıxantrop adamının çənə sümüyünün fraqmenti dünyada ən qədim tapıntılardan olan 700 min il əvvələ aid ocaq qalığı və s. aşkar edilmişdir. Təxminən 150.000 il əvvəl başlanmış və 35.000-40.000 il əvvəl başa catmış Orta Paleolit dövrü neandertal insanların yaşadığı dövr olmuşdur. Azıx mağarasında və onun qonşuluğundakı Tağlar mağarasında orta paleolit dövrü insanlarının həyat tərzini, daş alətlərin hazırlamasının texnologiyasının təkamülünü əks etdirən zəngin maddi mədəniyyət qalıqları aşkara çıxarılmışdır. Müasir insanların yarandığı Orta Paleolit dövründə bölgələrdə məskunlaşma genişləndiyinə görə texnologiyanın davamlı inkişafı baş vermişdir. Müfəssəl surətdə öyrənilən sahələrin əksəriyyəti mağaralar və qaya altı sığınacaqlarda yerləşir. [3]

Yuxarı (Son) Paleolit dövrü Qafqaz və Anadolu bölgəsində təxminən 35.000-40.000 min il əvvəl başlanmış və e. ə. XIV minilliyə qədər davam etmişdir. Mezolit-epipaleolit dövrü isə e.ə. XIII-VIII minillikləri əhatə etmişdir. Həmin dövrlər ərzində insanlar daha mürəkkəb daş alətlər hazırlanmasını təkmilləşdirmiş və ilk təsviri sənət nümunələri yaranmışdır. Mezolit dövründə istehsal təsərrüfatının rüşeymləri yaranmışdır.

Upper Paleolithic and Mesolithic period-related sites have been discovered in the Caucasus, such as that located on the Gobustan Reserve in Azerbaijan. Most notably, Gobustan features rock art inscriptions that reflect the lifestyle of Upper Paleolithic and Mesolithic people in addition to buried archaeological material. Gobustan became especially important to Azerbaijan's own history when archaeologists discovered Mesolithic burials. Anthropological analysis has shown that the skull traits of humans found in these burials are linked to today's Azerbaijani population. [4]

Neolithic Period (ca. 7000 – 4500 BC), Eneolithic/Chalcolithic Period (ca. 4500 – 3500 BC), and Early Bronze Age (ca. 3500 – 2200 BC)

The transition from the hunting-and-gathering societies of the Paleolithic Era to farming-based communities—a shift commonly known as the Neolithic Revolution—culminated in the Neolithic Age. One hallmark of the Neolithic Revolution was the development of farming and cattle-breeding strategies based on sedentary societies. A new cultural pattern developed in the Kura basin of western Azerbaijan and southeastern Georgia known as the Shumatapa culture. Examples of this culture were found during excavations in the AGT pipelines corridor.

The emergence of early copper metallurgy alongside traditional stone tools marked the subsequent period, known as the Eneolithic or Chalcolithic Age. During this age, much of western Asia saw the expansion of isolated villages into regional trade systems, a hallmark of incipient civilizations.

Son Paleolit və Mezolit dövrlərinə aid sahələr Qafqazda bir sıra yerlərdə aşkar olunmuşdur. Buna misal olaraq Azərbaycanda Qobustan qoruğundakı abidə kompleksini göstərmək olar. Burada Son Paleolit və Mezolit dövrü insanlarının həyat tərzini əks etdirən arxeoloji materiallar və qayaüstü təsvirlər aşkar edilmişdir. Qobustanın Azərbaycan tarixi üçün ən mühüm elmi əhəmiyyəti həm də ondan ibarətdir ki, burada hələ sovet dövründə aparılan arxeoloji qazıntılar zamanı Mezolit dövrünə aid qəbirlər aşkar edilmişdir. Bu qəbirlərdə aşkar edilmiş insanlara məxsus kəllə sümüklərinin antropoloji tədqiqi onların müasir azərbaycanlıların ulu əjdadlarına aid olmasını elmi dəlillər əsasında sübuta yetirmişdir. [4]

Neolit (e. ə. 7000 – 4500 il), Xalkolit/Eneolit (e. ə. 4500 – 3500 il) və İlk Tunc dövrü (e. ə. 3500 – 2200 il)

Paleolit dövrünün ovçu cəmiyyətlərindən, adətən, "Neolit inqilabı" kimi məlum olan əkinçiliyə əsaslanan oturaq həyata keçid prosesi Neoloit dövründə başa çatmışdır. Neolit inqilabının əsas nəticələri oturaq həyat tərzinə əsaslanan əkinçilik və maldarlığın təşəkkül tapmasından ibarət olmuşdur. Azərbaycanın qərbində, boru kəmərlərinin keçdiyi bölgədə neolit dövrünə aid erkən əkinçilik sivilizasiyasını əks etdirən Şomutəpə arxeoloji mədəniyyəti mövcud olmuşdur. Eyni zamanda Gürcustanın cənubi-şərqindəki Kür hövzəsi əraziləri də bu mədəniyyətin arealına daxil olmuşdur. Eneolit və ya Xalkolit dövrü kimi məlum olan növbəti dövr ənənəvi daş alətlərlə birlikdə ilkin mis metallurgiyasının yaranması ilə əlamətdar olmuşdur. Qərbi Asiyanın çox hissəsində bu dövrdə kiçik yaşayış məskənləri genişlənərək iri məntəqələrə, sivilizasiya mərkəzlərinə çevrilmişdir.

This petroglyth from the Gobustan National Historical-Artistic Preserve depicts several human figures, and possibly a representation of a boat.

Qobustan Milli Tarix və Mədəniyyət Qoruğundakı bu qayaüstü təsvirdə bir neçə insan fiquru və ehtimala görə, bir qayıq əks olunmuşdur.

Archaeological excavations in the early 1980s at the old Leylatapa residential area in the Garadagh region of Azerbaijan revealed novel traces of the Eneolithic Period. It was later discovered that the architectural findings (ironware, infant graves in clay pots, earthenware prepared using potter's wheel and other features) significantly differ from the archaeological complexes of the same period in the South Caucasus. From these findings, a new archaeological culture (the Leylatapa) was discovered. Research indicates that this culture was genetically connected with the Ubeid and Uruk cultures, which were archaeological complexes in Northern Mesopotamia that date to the first half of the 4th millennium BC. It has been determined that the Leylatapa residential area was built by ancient tribes migrating from the Northern Mesopotamia to the South Caucasus during the Eneolithic Period.

In western Azerbaijan, a number of Leylatapa-related archaeological sites were uncovered within the BTC and SCP pipelines corridor, which created tremendous opportunities for critical scientific research concerned with archaeology in the Caucasus. Relevant sites include the Boyuk Kasik (438km), Poylu II (408.8km), Agılıdara (358km) settlement sites and the Soyuqbulaq burial mounds (432km). These monuments are critical for the investigation of ethnic, economic and cultural relationships within the Caucasus and Middle East, which has resulted in scientists from Europe, Russia and Georgia all showing immense interest in these sites. For example, a relationship between the North Caucasian Maykop sites and those of Mesopotamia was suspected by the scientific community for many years, however it wasn't until archaeological excavations were conducted at the above-mentioned sites that a link was confirmed.

XX əsrin 80-ci illərininin əvvəllərində Azərbaycanın Qarabağ bölgəsində eneolit dövrünə aid Leylatəpə qədim yaşayış məskənində aparılan qazıntılar bir sıra yeniliklərlə nəticələnmişdir. Məlum olmuşdur ki, Leylatəpədə aşkar edilmiş memarlıq qalıqları, metal məmulatı, gil qablarda körpə uşaq qəbirləri, dulus çarxında hazırlanmış və kütləvi şəkildə tapılan saxsı qab qalıqları və digər səciyyəvi xüsusiyyətləri ilə bu abidə Cənubi Qafqazın həmin dövr arxeololoji komplekslərindən köklü surətdə fərqlənir. Bununla da yeni bir arxeoloji mədəniyyət – Leylatəpə arxeoloji mədəniyyəti kəşf edildi. Tədqiqatlar göstərdi ki, by mədəniyyət e.ə. IV minilliyin birinci yarısına aid Şimali Mesopotamiyanın arxeoloji kompleksləri – Ubeyd və Uruk mədəniyyətləri ilə genetik surətdə bağlıdır. Müəyyən edildi ki, Leylatəpə yaşayış məskəni son eneolit dövründə Şimalı Mesopotamiyadan Cənubi Qafqaza miqrasiya etmiş qədim tayfalar tərəfindən salınmışdır.

BTC və CQ kəmərləri dəhlizində, Azərbaycanın qərb bölgəsində Leylatəpə mədəniyyətinə aid bir sıra abidələrin aşkar edilməsi bütün Qafqaz arxeologiyası üçün mühüm əhəmiyyətə malik bu elmi problemin araşdırılması üçün geniş imkanlar açdı. Bunlar Böyük Kəsik (438-cü km), II Poylu (408.8-ci km), Ağılıdərə (358-ci km) yaşayış məskənləri və Soyuqbulaq kurqanlarıdır (432-ci km). Bu abidələr eneolit dövründə Ön Asiya – Qafqaz miqrasiyaları tarixinin tədqiqi üçün boyük əhəmiyyət daşıyırlar. Məhz buna görə bu abidələr Avropa, Rusiya, Gürcustan alimlərinin də böyuk marağına səbəb olmuşdur. Uzun illər Şimalı Qafqazın Maykop mədəniyyəti abidələri ilə Mesopotamiya abidələri arasında bağlılıq elmi ədəbiyyatlarda dəfələrlə qeyd edilsə də həmin əlaqələrin necə baş tutması məsələsi arxeoloji faktların azlığı səbəbindən aydınlaşmamışdır. Qeyd edilən abidələrdə aparılan arxeoloji qazıntılar Mesopotamiya- Maykop əlaqələrinin məhz Cənubi Qafqaz vasitəsilə reallaşdığını əsaslı şəkildə sübut etdi.

The Kura-Araxes civilization of the Early Bronze Age replaced the Eneolithic Period in the middle of the 4th millennium BC in the southern Caucasus. The main features of this society were the production of bronze, black, and dark gray glazed pots with hemispherical handles, the rapid development of a cattle-breeding economy, and the spread of mound-type graves. The Kura-Araxes culture extended from the South Caucasus to what is now the Republic of Dagestan to the eastern coast of the Mediterranean Sea. It came to an end in the third quarter of the 3rd millennium BC.

Three kurgan (burial mound) monuments referring to the Kura-Araxes culture have been discovered and excavated in the western side of Shamkirchai river along the pipeline route on 332-333 km in Azerbaijan. Excavation of these kurgans has provided valuable information about the burial traditions, economic and cultural relations of the Early Bronze Age population of the region.

E.ə. IV minilliyin ortalarında Cənubi Qafqazda eneolit dövrünü erkən tunc dövrünün Kür-Araz mədəniyyəti əvəz etmişdir. Bu mədəniyyətin başlıca xüsusiyyətləri qalay tərkibli tuncun (e.ə. III minillik), qara və tünd boz rəngli, yarımşar formalı qulplara malik cilalı qabların istehsalı, xırda buynuzlu heyvandarlığın sürətli inkişafı və bununla bağlı yaylaq-qışlaq maldarlığının meydana çıxması, kurqan tipli qəbir abidələrinin yayılmasıdır. Kür-Araz mədəniyyəti Cənubi Qafqazdan Dağıstana, Aralıq dənizinin şərq sahillərinə qədərki ərazilərə yayılmışdır. Kür-Araz mədəniyyəti e.ə. III minilliyin üçüncü rübündə başa çatmışdır.

Azərbaycanda boru kəməri marşrutu boyunca 332 - 333-cü km-də Şəmkir çayının qərb tərəfində Kür-Araz mədəniyyətinə aid üç kurqan abidəsi aşkar edilərək qazılmışdır. Bu kurqanların qazıntsı bölgənin erkən tunc dövrü əhalisinin dəfn adətləri, iqtisadi-mədəni əlaqələri və s. barəsində dəyərli məlumatlar vermişdir.

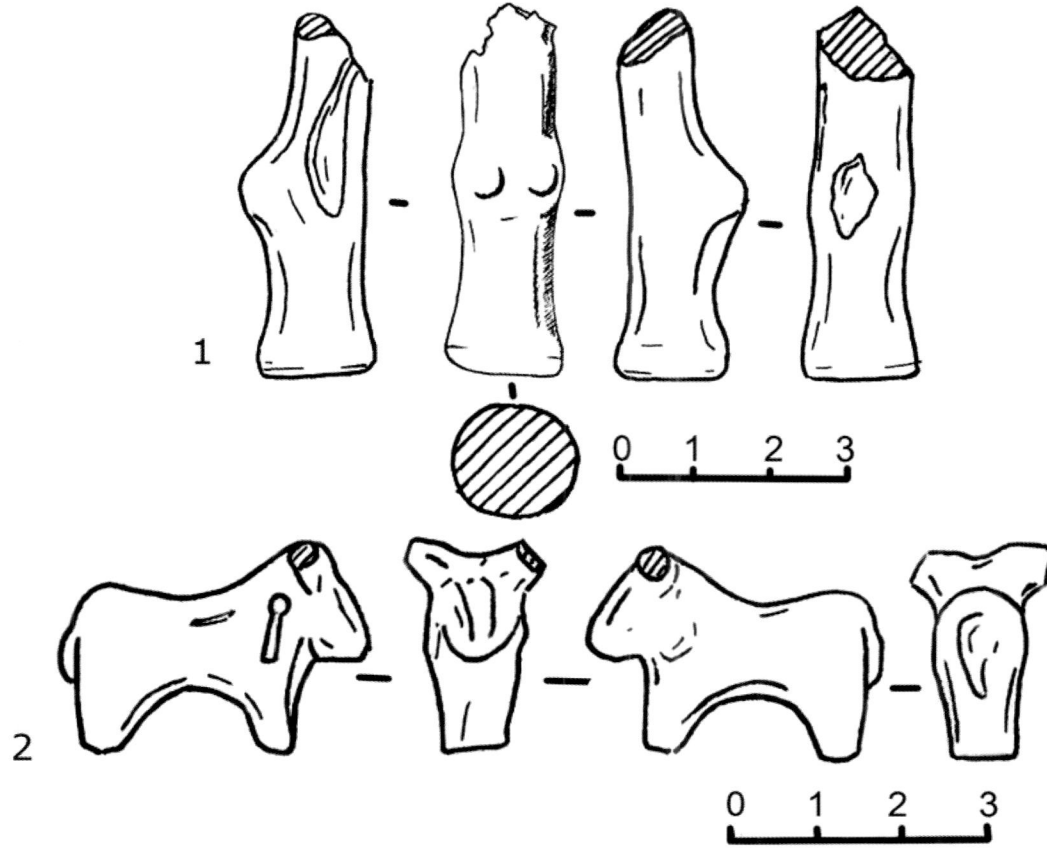

Smaller finds from Boyuk Kasik in Azerbaijan include the clay human and animal figurines shown above.

Azərbaycanda Böyük Kəsik sahəsindən aşkar edilmiş daha kiçik tapıntıların sırasına gildən hazırlanmış insan və heyvan fiqurları daxildir.

Middle Bronze Age (ca. 2200 – 1500 BC), Late Bronze Age and Early Iron Age. (ca. 1500 – 500 BC)

During the Middle Bronze Age, an early urban culture appeared in Azerbaijan marked by glazed pottery. Similar urban residential areas were discovered and excavated in the Nakhchivan and Garabagh regions. Also during this period the Uzarliktapa and Tazakand archaeological cultures were wide spread throughout Azerbaijan. It was also a time when local populations strengthened their economic and cultural ties with Middle Eastern civilizations. Several graves were found in Ganja-Gazakh region before the construction of the pipelines, specifically graves were discovered at the Babadervish site in the Gazakh region and near the Garajamirli village in the Shamkir region. The most extensive archaeological excavations conducted along the pipelines route were those settlements that date to the Late Bronze and Early Iron Ages. A sample of sites that are located in the Ganja-Gazakh region, Garabagh region, southeastern Georgia and area northeast of present-day Armenia are associated with the Khojali-Gadabay culture dating to the second half of the 2nd millennium and beginning of the 1st millennium BC. The Borsunlu burial mound (272km) in the Goranboy region, the Zayamchai necropolis (365km) in the Shamkir region, the Tovuzchai necropolis (378km) in the Tovuz region, and the Hasansu necropolis (398.8km) in the Agstafa region excavated within the pipeline corridor all reflect this culture.

Orta Tunc dövrü (e. ə. 2200 – 1500 il), Son Tunc və Erkən Dəmir dövrü (e. ə. XIV – VII əsrlər)

Orta tunc dövründə Azərbaycanda erkən şəhər mədəniyyəti meydana çıxmışdır. Belə şəhər məskənləri Naxçıvan və Qarabağ bölgələrində aşkar edilərək qazılmışdır. Azərbaycanda Boyalı qablar, Üzərliktəpə, Təzəkənd arxeoloji mədəniyyətlərinin yayıldığı bu dövrdə bölgə əhalisinin Yaxın Şərqin sivilizasiya mərkəzləri ilə iqtisadi-mədəni əlaqələri daha da güclənmişdir. Boru kəmərlərinin tikintisinə qədər Gəncə-Qazax bölgəsində orta tunc dövrünə aid bir neçə abidə qazılmışdır. Bunlar Qazax rayonunda Babadərviş abidəsindək i qəbirlər və Şəmkir rayonunda Qaracəmirli kəndi yaxınlığında kurqanlardır. Boru kəmərləri marşrutunda ən geniş və uzunmüddətli arxeoloji qazıntı işləri Son tunc-Erkən Dəmir dövrü nekropollarında aparılmışdır. Gəncə- Qazax bölgəsinin, Qarabağın, cənubi-şərqi Gürcüstanın və indiki Ermənistanın Azərbaycan Respublikasının qərb bölgələri ilə qonşuluqda yerləşən ərazilərinin e.ə. II minilliyin ikinci yarısı- I minilliyin əvvəlinə aid abidələri Xocalı-Gədəbəy arxeoloji mədəniyyətinə aiddir.

Rectangular Muslim gravestones with ornaments ascribed to the early medieval times discovered during the construction and archaeological excavations on the south-western part of Icheri Sheher (Old city) in Baku.

Bakıda İçəri şəhərinin cənub-qərb hissəsində inşaat və qazıntı işləri zamanı arxeoloji kəşfiyyat nəticəsində aşkar olunmuş ilk orta əsrlər dövrünə aid ornament bəzəkli olan, düzbucaqlı formalı müsəlman baş daşları.

Overall, more than 200 grave monuments related to the Upper Bronze-Early Iron Age have been excavated in the pipeline corridor. The deceased were positioned on their right or left sides with their arms and legs folded. They typically adorn trinkets, weapons, earthenware among other items displayed around the deceased's body. The excavation of these rich monuments has provided ample material for investigating the ancient funeral traditions of the region. Also of note during this time are the ancient kingdoms of Manna (Azerbaijan) and Urartu (eastern Anatolia), which were contemporaries of the Khojali-Gadabay culture during the Early Iron Age.

Kəmərlərin dəhlizində qazılmış Goranboy rayonunda Borsunlu kurqanı (272-ci km), Şəmkir rayonunda Zəyəmçay nekropolu (365-ci km), Tovuz rayonunda Tovuzçay nekropolu (378-ci km), Ağstafa rayonunda Həsənsu nekropolu (398.8-ci km) və s. abidələr bu mədəniyyəti əks etdirir.

Ümumilikdə, kəmərlərin dəhlizində Son Tunc-Erkən Dəmir dövrünə aid 200-dən artıq qəbir abidəsi qazılmışdır. Bunlar kurqanlar, torpaq və daş örtüklü qəbirlər olmuşdur. Bu qəbirlərdə ölülər sağ və ya sol yanı üstdə, qolları və ayaqları bükülü vəziyətdə, bir halda isə (Borsunlu kurqanı) oturdulmuş vəziyyətdə dəfn edilmişlər. Bəzək əşyaları və silahları üzərində olmaqla yanaşı onların ətrafına saxsı qablar, müxtəlif əşyalar qoyulmuşdur. Bu abidələrin qazıntısı bölgənin qədim dəfn adətlərinin tədqiqi üçün zəngin materiallar vermişdir.

Azərbaycanın qədim dövlətlərindən olan Manna dövləti və onun qonşuluğunda, Şərqi Anadoluda Urartu dövləti Xocalı- Gədəbəy mədəniyyətinin Erkən Dəmir dövrü mərhələsi ilə eyni zamanda mövcud olmuşdur.

Pots from the Hasansu site in Azerbaijan were coated with black polish, or burnished (polished to a shiny surface) during production. The white paint on this 17th-16th century BC pot, which is 26 centimeters wide and 24 centimeters tall, forms a striking pattern that, according to Najaf Müseyibli, symbolizes the sun. Ancient peoples often considered the sun as a source of fertility and used its image to decorate house wares and jewelry. The pot's rich color and decoration, and the absence of traces of fire on its bottom, indicate that it was used to serve guests on special occasions.

Eramızdan əvvəl 17-16-cı əsrlərə aid 26 sm diametrində və 24 sm hündürlükdə olan bu küpə üstündəki ağ pasta ilə inkrustasiya edilmiş gözəl bir nümunə əks olunmuşdur ki, Nəcəf Müseyiblinin fikrincə, bu, Günəşin rəmzidir. Qədim insanlar əksər hallarda günəşi məhsuldarlıq və bolluq mənbəyi hesab etmiş, məişət və zinət əşyalarını bəzəmək üçün Günəşin surətindən istifadə etmişlər. Küpə zəngin rənci və bəzəyi, onun aşağı hissəsində alov izlərinin olmaması göstərir ki, bu, xüsusi mərasimlərdə qonaqlara xidmət göstərmək üçün istifadə olunmuşdur. Küp 2005-ci ildə Azərbaycanın Ağstafa rayonundakı Həsənsu kurqanında aşkar edilmişdir.

This handsome ceramic pot, which is 28.5 centimeters high and 31 centimeters wide, was found in the Tovuzchai necropolis in the Tovuz region of Azerbaijan in 2004. It dates from the 12th-11th centuries BC. A highly stylized zoomorphic ornament on its upper side represents either a snake or a horse. Many scholars in the Caucasus today interpret zoomorphic images such as these to be linked to magic or fertility rituals or decorations.

Hündürlüyü 28,5 sm və eni 31 sm olan bu gözəl saxsı küp 2004-cü ildə Azərbaycanın Tovuz rayonundakı Tovuzçay nekropolunda aşkar olunmuşdur. Onun tarixi eramızdan əvvəl 12-11-ci əsrlərə gedib çıxır. Bu küpün yuxarı tərəfində ənənəvi üslubda çəkilmiş yüksək keyfiyyətli zoomorf ornament ya ilan, ya da at təsviridir. Buna bənzər zoomorf təsvirlər ya sehrli, ya bolluq ritualları, yaxud da dekorasiyalar ilə əlaqədar ola bilər.

This single strand of alluring carnelian beads found at the Zayamchai necropolis in the Shamkir district of Azerbaijan in 2003, dates from the Late Bronze Age to the Early Iron Age. Beads like these were painstakingly crafted by hand. Najaf Müseyibli suggests that they were not only worn for their beauty, but also sometimes for the magical and spiritual protection they were thought to provide the wearer, or for their curative value.

2003-cü ildə Azərbaycanın Şəmkir rayonundakı Zəyəmçay nekropolunda aşkar edilmiş bu heyrətamiz əqiq muncuq bağının tarixi Son Tunc dövrünə gedib çıxır. Nəcəf Müseyibli güman edir ki, belə muncuqlar yalnız gözəlliyinə görə deyil, eyni zamanda bəzən onu gəzdirən adamı cadu və ruhlardan qorumaq üçün və ya müalicəvi dəyəri ilə bağlı olaraq taxılmışdır.

This symmetrical bronze pendant, found at the
Zayamchai archaeological site in the Shamkir
district of Azerbaijan in 2003, dates from the
13th-12th centuries BC, the Bronze Age. It has
a diameter of 10.5 centimeters. The design may
symbolize the sun according to scholars in the
Caucasus, a symbol of warmth and fecundity.

2003-cü ildə Azərbaycanın Şəmkir rayonundakı
Zəyəmçay arxeoloji sahəsində aşkar olunmuş
bu simmetrik tunc asma bəzək əşyasının tarixi
eramızdan əvvəl 13 - 12-ci əsrlərə gedib çıxır. Onun
diametri 10.5 sm-dir. Ola bilsin ki, bu əşya istilik və
bolluq rəmzi olan Günəşin rəmzidir.

Early Antique (Hellenistic) Period (ca. 500 – 200 BC)

Several of the sites along the pipeline route in Azerbaijan date from what archaeologists call the Early Antique Period. During this period, Azerbaijan had close economic-trading and cultural-political relations with the Near East and Greco-Roman world. The archaeological excavations conducted inform us of the high level of these relations. During this period, the kingdoms of Caucasian Albania and Iberia (Kartli) occupied the territories of present-day Azerbaijan and Georgia, respectively. To the west and north lived the Scythians, Sarmatians, and inhabitants of the Kingdom of Colchis. The Medes, Assyrian, and neo-Babylonian empires located to the south and southwest were eventually replaced by the Persian Empire.

Erkən Antik (Ellinizm) dövrü (e. ə. V – III əsrlər)

Azərbaycanda marşrut boyunca yerləşən sahələrin bir neçəsinin tarixi bölgədə arxeoloqların erkən Antik dövr adlandırdığı dövrə gedib çıxır. Bu dövrdə Azərbaycanın Yaxın Şərq və yunan-roma dünyası ilə sıx iqtisadi-ticarət və mədəni-siyası əlaqələri olmuşdur. Aparılmış qazıntılar bu əlaqələrin yüksək səviyyəsindən xəbər verir. Həmin dövrdə Azərbaycan və Gürcüstanın ərazilərində müvafiq olaraq Qafqaz Albaniyası və İberiya (Kartli) dövlətləri mövcud olmuşdur. Qərb və şimal istiqamətində Şimali Qafqaz, Rusiya və Qara dəniz ətrafı çöllərdə skiflər, sarmatlar və Kolxida krallığının təbəələri yaşayırdılar. Bir qədər əvvəl Midiya, Assuriya və Yeni Babil imperiyaları cənubda və qərbdə yerləşmişdi. Zaman keçdikcə onları Fars imperiyası əvəz etmişdi.

Excavations near the Girag Kasaman sites (called Girag Kasaman II) revealed several burials from the Antique Period, which in Azerbaijan is considered to span from the 4th century BC to the 7th century AD. The grave offerings included a variety of pottery vessels.

Qıraq Kəsəmən yaxınlığındakı sahələrdən birində (II Qıraq Kəsəmən adlanan) aparılmış qazıntılar nəticəsində Antik Dövrə aid bir neçə qəbir aşkar edilmişdir. Bu məzarlar eramızdan əvvəl 5-4-cü əsrlərə aiddirlər. Qəbirlərdən tapılmış əşyalar müxtəlif saxsı qablardan ibarət olmuşdur.

Albanian alphabet, consisting of 52 letters was created in the 5th century.

52 hərfdən ibarət olan Alban əlifbası V əsrdə yaradılmışdır.

	Name	Sound		Name	Sound
Ⴉ	alt(алт)	a(a)	Ⴜ	či(ч,и)	č(ч,)
Ⴤ	odet(огем)	b(б)	Ⴚ	č̣əaj(ч̣ъај)	č̣ə(ч̣ъ)
Ⴅ	zim(зим)	z(з)	Ⴏ	tak(мак,)	m(м)
Ⴓ	gat(гат,)	g(г)	Ⴍ	kax̣(к,ах̣)	ḳ(к,)
Ⴑ	eb(еб)	ē(ē)	Ⴀ	pus(нутс)	n(н)
Ⴄ	xax̣l(зах̣л)	x̣,(з,)	Ⴔ	žaj(жај)	ž̌(ж)
Ⴖ	en(ен)	e(е)	Ⴗ	šak(шак)	š̌ə(ш,)
F	žil(жил)	ž(ж)	Ⴘ	žajn(жајн)	ž̌ə(ж,)
૭	tas(тас)	t(т)	ᴨ	up(уп)	u(у)
Ⴗ	ča(ч,а)	č(ч,)	Ⴒ	taj(т,ај)	ṭ(т,)
Ⴕ	jud(југ)	j(ј)	Ⴐ	xat(хам)	x(х)
Ⴒ	ža(жа)	ž̌ə(ж,)	Ⴟ	zaj(дзај)	ʒ(дз)
Ⴙ	irb(ирб)	i(и)	Ⴝ	čat(чам)	č̣ə(ч̣)
Ⴎ	ša(ша)	š(ш)	Ⴞ	pēp(п,ēн)	p̣(п,)
Ⴁ	lan(лан)	l(л)	Ⴆ	pes(пес)	p(п)
Ⴣ	ina(ина)	iə(иъ)	Ⴡ	kat(к,ат,)	ḳ(к,)
Ⴐ	xep(хеп)	x(х)	Ⴗ	sek(сек)	s(с̧)
Ⴝ	dan(дан)	d(д)	Ю	vez(вез)	v(в)
Ⴘ	čax̣(чах̣)	č(ч)	Ⴓჳ	tiux̣(т,иух̣)	ṭ(т,)
Ⴡ	zox(зох)	z̧ə(з̧ъ)	8	soj(сој)	şə(с̧ъ)
Ⴄ	kač(кач)	k(к)	Ⴆ	jon(рон)	x̣(р)
Ⴋ	lit(лит)	lə(л,)	Ⴋ	čan(тсан)	cə(тсъ)
Ⴍ	hēt(hēт,)	h(h)	Ⴒ	cajn(тсајн)	c(тс,)
Ⴤ	haj(hај)	hə(hъ)	Ⴕ	jajd(јајд)	j(ј)
Ⴠ	ax̣(ах̣)	aə(hъ)	Ⴔ	piux̣(лиух̣)	p(л)
Ⴎ	coj(тсој)	c(тс)	Ⴔ	kiu(киц)	k(к)

Cyrus the Great, King of Persia, defeated the Medes in 553 BC. The Persian Achaemenid Empire, which began with Cyrus, encompassed a vast area from Afghanistan to Thrace (in what is today Bulgaria and northern Greece). This Empire established the critical role the Persians played in the historical development of southwest Asia and influenced all the countries of the South Caucasus and Anatolia.

Following his victory over Darius Achaemenid of Persia at the Battle of Gaugamela in 331 BC, Macedonian King Alexander the Great occupied Media, an event that contributed to the spread of Greek culture in the South Caucasus. After Alexander's death in 323 BC, his empire was divided among several successors. Eastern Anatolia and portions of the South Caucasus (southern portions of Caucasian Albania and Caucasian Iberia) went to Seleucus (Salavki), a Macedonian general who established the Seleucid dynasty, which continued the Hellenization of the region and strengthened connections with the Mediterranean world.

The expansion of Roman power into the region during the last century BC, and the incorporation of much of it into the Roman Empire during the first three centuries AD, reinforced the Mediterranean influences in the region. To establish its authority, Rome initially dispatched some of its most famous generals, such as Lucullus, Pompey, to counter the burgeoning power of the Parthians from south and east of the Caspian, and later kept legions stationed in the area to consolidate its control. The stability provided by Roman authority helped strengthen economic and social connections in the region.

Midiya e. ə. 553-cü ildə İran hökmdarı Böyük Kir (Kirus) tərəfindən məğlub edilmişdir. Kirlə başlanan Fars Əhəməni imperiyası Əfqanıstandan Frakiyaya (bu gün Bolqarıstan və şimali Yunanıstanın yerləşdiyi ərazilər) qədər nəhəng bir ərazini əhatə etmişdir. Əhəmənilər imperiyası cənubi-qərbi Asiyanın tarixində ciddi rol oynamış, Cənubi Qafqaz və Anadolunun bütün ölkələrinə təsir göstərmişdir.

E. ə. 331-ci ildə Qavqamel döyüşündə İranlı Daraya qalib gəldikdən sonra Makedoniya hökmdarı İsgəndər tarixi Midiyanı zəbt etmiş və bu, yunan mədəniyyətinin Cənubi Qafqazda yayılmasına kömək etmişdir. İsgəndərin ölümündən sonra onun imperiyası bir neçə varis arasında bölünmüşdür. Şərqi Anadolu və Cənubi Qafqazın bəzi hissələri (Qafqaz Albaniyasının cənub hissələri və Qafqaz İberiyası) Makedoniya sərkərdəsi Sələvkiyə verilmiş və o, Sələvkilər sülaləsinin əsasını qoymusdur. Bu sülalənin rəhbərliyi altında bölgənin Ellinizm təsirinə məruz qalması davam etmiş və Aralıq dənizi dünyası ilə əlaqələri güclənmişdir.

Eramızdan əvvəl sonuncu əsr ərzində Roma hakimiyyətinin regionun içərilərinə yayılması və eramızın birinci üç əsri ərzində regionun çox hissəsinin Roma İmperiyasına birləşdirilməsi regionda Aralıq dənizi bölgəsinin təsirlərini gücləndirmişdir. Öz hakimiyyətini genişləndirmək üçün Roma əvvəlcə Lukull, Pompey kimi ən məşhur sərkərdələrinin bir neçəsini bölgəyə Parfiyalıların möhkəmlənən hakimiyyətinə zərbə endirmək üçün göndərmiş və sonra nəzarətini gücləndirmək məqsədilə həmin ərazidə legionlar yerləşdirmişdir. Roma hakimiyyəti tərəfindən təmin olunan sabitlik regionda iqtisadi və ictimai əlaqələrin gücləndirilməsinə kömək etmişdir.

This small vessel, from a jar grave near Yevlakh, Azerbaijan, may have been a grave offering. The decorations, burnishing (polishing), and small feet are reflective of a non-utilitarian vessel. It is likely the pot had a lid, as suggested by the small holes in the flaring handles.

Azərbaycanın Yevlax rayonunun yaxınlığında bir küp qəbirdən tapılmış bu kiçik qab, qəbrə qoyulmuş əşyalardan biridir. Onun naxışları, şirlənmiş (cilalanmış) səthi və kiçik ayaqları onun ritual xarakterli qab olmadığını göstərir. Bu qabın diqqəti cəlb edən qulplarındakı kiçik deşiklər çox güman ki, qabın qapağının olduğuna dəlalət edir.

The state of Caucasian Albania was established in the 4th century BC. Caucasian Albania covered the territory of the present day Azerbaijan Republic and the territories up to Goyja (Sevan) lake and South Dagestan. Its capital was Gabala and starting from the 5th century, the city of Barda. Derbend, Shamakhi, Shabran, Baylagan were other big cities of this state. Strabo, Ptolemy, Pliny, Cassius, Plutarch and other antique period authors have provided information about Caucasian Albania. Diverse religious traditions, including Zoroastrianism and Christianity, were practiced from the first years of AD. At the beginning of the 4th century, a certain segment of the Alban society (including political elites), accepted Christianity. The existence of different religions in Albania is shown at burial sites, including pots, wooden boxes, catacombs and Christian graves. All of these graves were encountered in the pipelines corridor. The aforementioned graves of the Caucasian Albany were discovered and excavated at 200, 204, 241, 316, 335,.336, 406, 408.8, 409.1 kms of the pipeline route. Rich domestic items, trinkets and weapons were found in these graves; they proved that different types of craftsmanship were highly developed in Caucasian Albania. Jewelry brought from the Near East provides information on Albania's vast economic and cultural relations. Remains of one residential area dating from the 5th-3rd centuries BC and several burial sites were discovered during archaeological excavations conducted near the Girag Kasaman village in the Agstafa region. In spite of the rural nature of this settlement, the remains of a metal-working kiln and numerous spindle whorls indicate the presence of local metal-working and weaving industries.

E.ə. IV əsrdə Qafqaz Albaniyası dövləti yaranmışdır. Qafqaz Albaniyası müasir Azərbaycan Respublikasının ərazisini, eyni zamanda Göyçə (Sevan) gölü hövzəsini və Cənubi Dağıstanı əhatə etmişdir. Onun paytaxtı Qəbələ, V əsrdən isə Bərdə şəhəri olmuşdur. Bundan əlavə bu dövlətin Dərbənd, Şamaxı, Şabran, Beyləqan və digər iri şəhərlərini də qeyd etmək olar. Qafqaz Albaniyası barədə Strabon, Ptolomey, Plini, Kassi, Plutarx və digər antik dövr müəllifləri məlumatlar vermişlər. Bu dövlətin ərazisində müxtəlif dini inamlar, o cümlədən zərdüştlük, bizim eranın əvvəllərindən isə həm də xristianlıq yayılmağa başlamışdır. IV əsrin əvvəlində alban cəmiyyətinin müəyyən qismi, o cümlədən dövlət rəhbərliyində təmsil olunan insanlar xristianlığı qəbul etmişdir. Albaniyada eyni zamanda müxtəlif dinlərin mövcudluğu qəbir abidələrində əyani şəkildə özünü göstərir. Belə ki, Albaniyada torpaq, küp, taxta qutu, katakomba tipli, eyni zamanda xristian qəbirləri mövcud olmuşdur ki, bütün belə qəbirlərin hamısına kəmərlərin dəhlizində rast gəlinmişdir. Kəmərlərin marşrutunun 200, 204, 241, 316, 335,336, 406, 408.8, 409.1-ci km-də Qafqaz Albaniyasına aid, yuxarıda sadalanan qəbir tipləri aşkar edilərək qazılmışdır. Qəbirlərdə zəngi məişət, bəzək əşyaları və silahlar aşkar edilmişdir ki, bunlar da Qafqaz Albaniyasında sənətkarlığın müxtəlif sahələrinin yüksək təşəkkül tapdığını sübut edir. Yaxın Şərq ölkələrindən gətirilmiş bəzi bəzək nümunələri Albaniyanın geniş iqtisadi-mədəni əlaqələrindən xəbər verir. Ağstafa rayonunda Qıraq Kəsəmən kəndi yaxınlığında 406-cı km-də aparılmış arxeoloji qazıntılar zamanı e. ə. V-III əsrlərə aid yaşayış məskəninin qalıqları, o cümlədən bir neçə qəbir aşkar edilmişdir. Kənd tipli bu yaşayış məskənində metalərıtmə kürəsinin və gildən hazırlanmış çoxlu iy başlıqlarının aşkar edilməsi burada metalişləmənin və toxuculuğun yüksək səviyyədə olduğunu göstərir.

Antique Period-Early Medieval Period (ca. 200 BC – 650 AD)

The later Antique Period is identified with the Roman Empire and the first centuries of the Byzantine Empire. The end of this Period is generally dated, by archaeologists in Azerbaijan, to coincide with the rise of Islam. This period saw Rome's expansion into southwest Asia, as well as the subjugation of the unified Caucasian Albanian Kingdom of the South Caucasus by the Persian Sassanid Empire. The Sassanians strove to subjegate the South Caucasian states, while simultaneously attempting to limit incursions from northern tribes originating from the south Russian steppes. In pursuit of the latter, they built a series of walls near Derbent, Azerbaijan. Imposing remains still stand, forming one of the region's largest extant fortresses. In 5th century Albanian alphabet, consisting of 52 letters was created.

Inscriptions at Gobustan and near Derbent document the Roman presence in the Caucasus. Rome's 12th legion, which was based at different times in Cappadocia and the highlands east of Anatolia, may have exercised Roman dominion over the greater Kura Valley and placed forces at the Derbent Gates. From this strategic location, the Romans could have controlled movement between the North Caucasus Mountains and the Caspian Sea, thus restricting the migration of Goths and Huns from the Russian steppes. Azerbaijani archaeologists and historians believe that the community of Ramany on the Absheron Peninsula north of Baku may have begun as a Roman encampment.

Antik-Erkən orta əsrlər dövrü (e. ə. təxminən II əsr – b. e. VIII əsrinin ortası)

Bu dövr Roma imperiyası dövrü, o cümlədən Bizans imperiyasının ilk əsrlərinə düşən dövr kimi müəyyənləşdirilir. Bu dövrün sonu, adətən, İslamın yüksəliş tarixində başa çatır. Bu dövrdə Roma imperiyası cənub-qərbi Asiyaya doğru genişlənmiş, eyni zamanda, Cənubi Qafqaz o cümlədən Qafqaz Albaniyası İran Sasani imperiyasının təsir dairəsinə keçmişdir. Sasanilər Cənubi Qafqaz dövlətlərini tabe etməklə yanaşı, həm də cənubi Rusiya çöllərindən axıb gələn köçəri tayfaların regiona müdaxiləsini məhdudlaşdırmağa çalışmışlar. Bu tayfaların regiona müdaxiləsinin qarşısını almaq üçün onlar Azərbaycanda Dərbənd yaxınlığından başlayaraq cənuba doğru silsilə müdafiə istehkamları inşa etmişlər və həmin divarların güclü təəssürat yaradan qalıqları hələ də qalmaqdadır. V əsrdə 52 hərfdən ibarət əlifbaya əsaslanan alban yazısı yaranmışdır.

Qobustanda qaya üzərində həkk olunmuş yazılar romalıların Qafqazda olmasını göstərir. Müxtəlif vaxtlarda Kappadokiyada və Anadolunun şərqində dağlıq ərazilərdə yerləşmiş 12-ci Roma legionu, ola bilsin ki, Azərbaycana da kəşfiyyat xarakterli yürüş etmişdir. Hətta belə bir ehtimal var ki, Abşeron yarımadasında Bakı şəhərinin yaxınlığındakı Ramana yaşayış məntəqəsinin əsası, romalıların hərbi düşərgəsi kimi qoyulmuşdur.

The AGT Pipelines Archaeological Program found a few examples of Antique period and later Medieval sites. The Seyidlar II residential area in the Samukh district (316 km) and the settlement and graveyard near the Chaparli village in the Shamkir district (335/336 km) are two such examples. The Chaparli site in particular is noteworthy because it contains Early Medieval graves and architectural remains. The carved limestone decorations in the area, one of which appears to depict a cross, led the excavators to interpret the structure as an early Christian chapel, belonging to a local Albanian community.

Kəmərlərin dəhlizində antik dövrü əks etdirən abidələrin olduğu yuxarıda qeyd edilmişdir. Eyni zamanda bu dəhlizdə erkən orta əsrlərə aid yaşayış məskənləri və qəbrlər aşkar edilmişdir. Bunlardan Samux rayonu ərazisindəki II Seyidlər yaşayış məskənini (318-ci km) və Şəmkir rayonunun Çaparlı kəndi yaxınlığındakı (335/336-cı km) yaşayış yeri və qəbiristanlığı göstərmək olar. Çaparlı abidəsi xüsusilə diqqəti cəlb edir. Burada erkən orta əsrlərə aid qəbirlər, o cümlədən xristian məbədinə aid tikili qalıqları askar edilmişdir. Bölgənin alban əhalisinə məxsus bu abidə kompleksindəki memarlıq qalıqlarının üstündə relyef, xaç təsvirləri vardır.

Members of the 12th Roman Legion ("Fuminata") carved this important rock-art panel from Gobustan, Azerbaijan, during the reign of Emperor Domitian, ca. 75 AD. The legion, stationed in Cappadocia, was tasked with guarding Eastern Anatolia and the South Caucasus.

12-ci Roma legionunun ("Fuminata") üzvləri təxminən eramızın 75-ci illərdə imperator Domitsianın hökmranlığı ərzində Azərbaycanda Qobustanda bu yazını həkk etmişlər. Legion Kapadokyada yerləşdirilmiş və ona Şərqi Anadolu və Cənubi Qafqaza nəzarət qorumaq tapşırılmışdı.

This historic caravansaray (inn) in Sheki, Azerbaijan, has been refurbished as a contemporary hotel complex, with brick-lined corridors opening onto a courtyard.

Azərbaycanın Şəki şəhərindəki bu tarixi karvansaray (və ya mehmanxana) kərpiclə inşa olunmuş dəhlizləri arxa həyətə açılan müasir mehmanxana kompleksi kimi təmir edilərək bərpa olunmuşdur.

Medieval Period (ca. 650 – 1800AD)

The Medieval Period in Azerbaijan saw the arrival and growth of Islamic culture, continuation of political upheaval, economic gains, and a flourishing intellectual environment whereby advances were made in the sciences and arts. In the middle of the 7th century, prior to Arabian advancement, the Mihranid Dynasty of Caucasian Albania dominated in Azerbaijan. This dynasty also reported to the Iranian Shahs – Sasanian overloards. The Mihranids supported the Sasanians in fights against the Arabian conquerors during the 7th century. This support continued when the Arabian conquerors defeated the Sasanians completely and put an end to the dictatorship of the Sasanians over Iran and the South Caucasus. Finally, the Mihranids formed a military alliance with the Arab Islamic Caliphate. In the 9th century in Azerbaijan under the leadership of Babek, the Mihranids started a great struggle to break free from Arab rule which lasted for 20 years. During this period certain portions of Azerbaijan began to be recognized as Arran. Yet during this period many Arabs also settled in Azerbaijan and became part of the ruling elite. Many of the local Christian and Zoroastrian populace slowly converted to Islam, although Christian communities are thought to have survived well into the Medieval Period. Upon the elimination of Arabian domination, local state authorities were established in Azerbaijan. Of them, the State of Sajiler connected all the historical lands of Azerbaijan for the first time. The State of Shirvanshahs, the center of which was Shamakhi, existed circa 1,000 years AD.

Orta Əsrlər dövrü (b.e. VIII əsrinin ortasından – XVIII əsrinə qədərki dövr)

Azərbaycanın Orta əsrlər dövrü islam mədəniyyətinin yayılması, müxtəlif dövlətlərin, o cümlədən imperiyaların biri-birini əvəz etməsi, elmin, mədəniyyətin, iqtisadiyyatın yüksək inkişafı ilə əlamətdar olmuşdur.

VII əsrin ortalarında ərəb istilalarından öncə Azərbaycanda Qafqaz Albaniyasının Mehranilər sülaləsi hökmranlıq etmiş və bu sülalə də İran şahənşahlarına – Sasani hökmdarlarına tabe olmuşdur. Mehranilər sülaləsi VII əsr ərzində ərəb fatehlərinə qarşı mübarizədə Sasanilərə dəstək vermişdir. Bu dəstək Sasanilərin İran və Cənubi Qafqaz üzərində hökmranlığının sonuna ərəblərin Sasaniləri tam məğlub etmələrinə qədər davam etmişdir. Son nəticədə Mehranilər sülaləsi Ərəb İslam Xilafəti ilə ittifaq bağlamışdır. IX əsrdə Azərbaycanda Babəkin rəhbərliyi altında ərəb işğalçılarına qarşı böyük bir mübarizə başlanmış və bu mübarizə 20 il davam edərək Xilafəti kökündən sarsıtmışdır. Həmin müddət ərzində Azərbaycanın müəyyən hissələri Arran kimi tanınmağa başlamışdır. Bu dövr ərzində çoxlu ərəb Azərbaycana köçmüş və hakim elitanın bir hissəsinə çevrilmişdir. Bu zaman yerli xristian və atəşpərəst əhali tədricən İslam dininə etiqad edən əhaliyə çevrilmişdir. Bəzi alban xristian icmaları fəaliyyətlərini XİX əsrə qədər davam etdirmişdir. Ərəb ağalığına son qoyulduqdan sonra Azərbaycanda yerli dövlət qurumları yaranmışdır. Bunlardan Sacilər dövləti ilk dəfə olaraq Azərbaycanın bütün tarixi torpaqlarını birləşdirmişdir. Mərkəzi Şamaxı şəhəri olan Şirvanşahlar dövləti 1000 ilə yaxın bir müddətdə mövcud olmuşdur.

During the 10th and 11th centuries AD, the Shaddadids and Ravvadids dominated portions of what is now Azerbaijan. Over time, the Seljuk Empire, which expanded from Central Asia to the Aegean Sea, subjegated Iran and the southern Caucasus as well. Under the local sway of atabegs (governors) who ruled from their capital of Shamakhi, Azerbaijan played significant cultural and economic roles during the Seljuk period. For example, the great poets Khaghani and Nizami gained fame well beyond Azerbaijan, and continue to be revered for their eloquence and skill. Large cultural and commercial centers such as Ganja, Beylagan, Tabriz, Nakhchivan, Shamakhi, and Shamkir, each with populations in the tens of thousands, were developed during this period.

Seljuk domination of the territory of Azerbaijan came to an end during the early 13th century AD, under pressure from Mongols who were moving in from Central Asia. In 1235, they and the Tartars destroyed many of the key cities in Azerbaijan, such as Ganja and Shamkir, and incorporated Azerbaijan into the Mongol Empire. Subsequent unrest followed an invasion by the forces of Amir Timur (Tamerlane) in the late 14th century. It was at this time that the Garagoyunlu and Aghgoyunlu states managed to subjugate surrounding regions. At the beginning of the 16th century, Shah Ismayil established the Azerbaijan Safavid State and Tabriz became its capital. Developing rapidly, this state connected all political bodies from Central Asia to the Mediterranean Sea and evolved into a mighty empire.[5]

X – XI əsrlərdə Azərbaycanın şimalında və cənubunda Rəvvadilər, Səddadilər və s. dövlətləri mövcud olmuşdur. Zaman keçdikcə Mərkəzi Asiyadan Egey dənizinə qədər genişlənən Səlcuq imperiyası İran və Cənubi Qafqazı da özünə tabe etmişdir. Səlcuq dövrü Azərbaycanın mədəniyyət və iqtisadi əlaqələr sahəsində rolunun əhəmiyyətli dərəcədə artması ilə əlamətdardır və bu yüksəliş eyni zamanda Atabəylərin hakimiyyəti altında baş vermişdir. Məsələn, böyük şairlər Nizami və Xaqani Azərbaycandan kənarda da şöhrət tapmışlar. Bu dahi şairlərin yaratdıqları əsərlər dünya ədəbiyyatının ən görkəmli nümunələri sırasına daxildir.

Bu dövrlərdə Azərbaycanda hər birinin on minlərlə əhalisi olan şəhərlər – Gəncə, Beyləqan, Təbriz, Naxçıvan, Şamaxı, Şəmkir, və s. iri mədəniyyət və ticarət mərkəzləri inkişaf etmişdir.

Səlcuq imperiyasının Qafqazda hökmranlığına XIII əsrin əvvəlində Mərkəzi Asiyadan yürüş edən monqolların təzyiqi altında son qoyulmuşdur. 1235-ci ildə monqol-tatarlar Azərbaycanda Gəncə və Şəmkir kimi əsas şəhərlərin çoxunu dağıtmış və Azərbaycanı monqol-tatar imperiyasına birləşdirmişlər. XIV əsrdə Əmir Teymurun (Tamerlan) qüvvələrinin Azərbaycana dağıdıcı və qarətçi yürüşləri baş vermişdir. XIV əsrdə Azərbaycanın qüdrətli- Qaraqoyunlu və Ağqoyunlu dövlətləri həm də ətraf regionları özlərinə tabe edə bilmişdilər. XVI əsrin əvvəlində Şah İsmayıl tərəfindən paytaxtı Təbriz olmaqda Azərbaycan Səfəvilər dövləti yaradılmışdır. Bu dövlət böyük sürətlə inkişaf edərək Orta Asiyadan Aralıq dənizinə qədərki bütün ölkələri özünə biləşdirərək qüdrətli bir imperiyaya çevrilmişdir.[5]

Archaeologists from the Institute of Archaeology and Ethnography and Azerbaijan's National Academy of Sciences, have conducted archaeological excavations in a number of villages dating back to the Medieval Period, including Girag Kasaman in the Agstafa district, Dashbulag in the Shamkir district and Fakhrali in the Goranboy district. These archaeological sites create opportunities for understanding the economic activity, burial and domestic practices, inter-regional trade networks, and historical understanding of the Islamic period in Azerbaijan. They also augmented understanding of domestic activities and burial practices, as well as economic relations and transportation routes along the Silk Road, as revealed by the trade goods and fine crafts recovered. The continuity of occupation at many of these sites may reflect an unusual degree of cultural stability, in spite of the political turmoil of the period.

Extensive excavations dating to the Medieval Period were conducted in cities of Azerbaijan during the second half of the twentieth century, but there were no thorough investigations of village-type settlements. That gap was addressed to some extent by the archaeological excavations conducted within the pipelines corridor. Chapter 3 reviews some of these sites in detail.

Azərbaycan Milli Elmlər Akademiyasının Arxeologiya və Etnoqrafiya İnstitutunun arxeoloqları marşrut boyunca Orta əsrlər dövrünə aid Ağstafa rayonundakı Qıraq Kəsəmən, Şəmkir rayonundakı Daşbulaq və Goranboy rayonundakı Faxralı abidələri də daxil olmaqla bir sıra kənd tipli yaşayış yerlərində qazıntı işləri aparmışlar. Bu arxeoloji sahələr iqtisadi fəaliyyət və qəbirlərlə bağlı məsələlərin mahiyyətinə varmağa imkan yaradır və eyni zamanda, Azərbaycanda İslam dövrünün inkişafı ilə əlaqədar dəlillərin əldə olunmasına kömək edir. Qazıntılar zamanı müxtəlif sənətkarlıq məhsulları tapılmışdır, bunlar İpək yolu boyunca iqtisadi əlaqələrin tarixinin daha yaxşı başa düşülməsinə imkan vermişdir. Bu sahələrin çoxunda müşahidə olunmuş sənətkarlıq sahələrinin davamlılığı sözügedən dövrün siyasi qarmaqarışıqlığına baxmayaraq qeyri-adi mədəni sabitlik dərəcəsini əks etdirə bilir. XX əsrin ikinci yarısında Azərbaycanın Orta əsr şəhərlərində geniş arxeoloji qazıntı işləri aparılmışdır. Lakin kənd tipli orta əsr abidələri ətraflı tədqiq edilməmişdir. Kəmərlərin dəhlizindəki arxeoloji qazıntılar bu boşluğu müəyyən qədər doldura bilmişdir. 3-cü fəsildə bu sahələrin bir neçəsi daha müfəssəl şəkildə nəzərdən keçirilir.

In 2004, these gold earrings, 3.4 centimeters in diameter and dating from the 5th-4th centuries BC, were found in Azerbaijan's Samux region in a woman's grave, placed near her ears. The ends of the earrings are in the shape of the head of a snake, which in ancient times may have represented wisdom, a sense of unity, and protection. The snake image has also been associated with medicine and the underworld.

Diametri 3,4 sm olan və tarixi eramızdan əvvəl 5-ci – 4-cü əsrlərə gedib çıxan bu qızıl sırğalar 2004-cü ildə Azərbaycanın Samux rayonunda bir qadın qəbrindən tapılmışdır və sırğalar onun qulaq nahiyəsi ətrafında olmuşdur. Sırğaların sonluqları ilan başı formasındadır və bu, qədim zamanlarda ola bilsin ki, müdriklik, bilik hissi və müdafiə anlamı daşımışdır. Eyni zamanda, ilan təsviri təbabət, axirət dünyası ilə də bağlı olmuşdur.

Georgia

Paleolithic/Epipaleolithic Age (ca. 1.8 million years – 8000 BC)

The native name for the country of Georgia is Sakartvelo, named after the ancient Georgian tribe Kartli, which played the central role in the long process of ethnogenesis of the Georgian nation. The territory of modern-day Georgia has been inhabited since the Paleolithic Age. The earliest remains of human ancestors outside of Africa were unearthed at the Dmanisi archaeological site, which dates from approximately 1.8 million years ago. The site has yielded the remains of at least five pre-human hominids, and examples of some of the earliest tools associated with human ancestors. Later prehistoric remains (Paleolithic, Mesolithic, and Neolithic) have been discovered in numerous caves and open-air sites in Georgia. No sites from these periods were, however, found along the pipeline route in Georgia, even though surface findings indicated that there should be Stone Age or other pre-Chalcolithic sites in the area.

Gürcüstan

Paleolit/Epipaleolit dövrü (e. ə. təxminən 1,8 milyon il – e. ə. təxminən 8000 il)

Gürcüstan ölkəsinin əsl adı Sakartvelodur ki, bu, Gürcü xalqının uzun etnogenez prosesində əhəmiyyətli rol oynamış qədim Gürcü tayfası Kartlinin adı ilə bağlıdır. Müasir Gürcüstanın ərazisində insanlar Paleolit dövründən sonra məskunlaşmışlar. Afrikanın hüdudlarından kənarda insan əcdadlarının ən qədim qalıqları Gürcüstanın Dmanisi bölgəsində aşkar edilmişdir. Yaşı təxminən 1,8 milyon ildən çox olan Dmanisi sahəsində bu vaxta qədər ən azı ibtidai insana bənzər beş hominidin qalığı və insan əcdadlarına aid ibtidai alətlərin bəzi nümunələri aşkar olunmuşdur. Sonralar Gürcüstanda çoxlu qəbirlərdə və açıq hava altında olan sahələrdə tarixdən əvvəlki qalıqlar (Paleolit, Mezolit və Neolit) aşkar edilmişdir. Bununla belə, yerüstü tapıntıları bu ərazidə Daş dövrü və ya digər ilkin Xalkolit dövrü sahələrinin ola biləcəyini göstərsə də, Gürcüstanda boru kəməri marşrutu boyunca bu dövrlərə aid heç bir sahə aşkar edilməmişdir.

Chalcolithic/Eneolithic (ca. 5500 – 3000 BC)

The early agricultural culture of the Caucasus developed during the 6th millennium BC, and by the second half of the 4th millennium BC, it had evolved into the Kura-Araxes culture that extended across the Caucasus, northern Iran, and eastern Anatolia.

The AGT Pipelines Archaeological Program involved excavations at several archaeological sites from the Chalcolithic/Eneolithic and the Early Bronze Age periods along the pipeline route in Georgia. One of these, Nachivchavebi, located in the Tetritskaro District and believed to date from approximately 3,700 to 3,200 BC, contained artifacts from both the early agricultural and Kura-Araxes cultures. The excavations revealed storage pits and several burial sites. The artifacts, including ceramics and obsidian and bone tools, suggest that the population was mainly occupied with agriculture, stock-breeding, and small-scale handicrafts. The burial sites have contributed to understanding the evolution of burial practices in the Chalcolithic and Early Bronze Ages.

Ethnobotanical remains suggest that crop cultivation, horticulture, and wine production were well-developed by that time and that barley, hazelnut, chestnut, millet, mushrooms, grapes, buckwheat, and common wheat were likely foodstuffs. Faunal materials from wild species (horses, boars, noble deer, and elk) and domestic animals (goats, cows, oxen, and sheep) point to a combination of animal husbandry and hunting.

Xalkolit/Eneolit dövrü (e. ə. təxminən 5500 – 3000 illər)

Qafqazın erkən əkinçilik mədəniyyəti e.ə. 6-cı minillik ərzində inkişaf etmiş və bu mədəniyyət e.ə. 4-cü minilliyin ortalarında Qafqaza, şimali İrana və şərqi Anadoluya qədər yayılan Kür-Araz mədəniyyətinə qovuşmuşdur.

Gürcüstanda AGT boru kəmərləri layihəsi ilə bağlı arxeoloji proqram çərçivəsində boru kəməri marşrutu boyunca Xalkolit/Eneolit və İlkin Tunc dövrlərinə aid bir neçə arxeoloji sahədə qazıntı işləri aparılmışdır. Bu sahələrdən birində - Tetritskaro rayonunda yerləşən Naxivçavebi ərazisində erkən əkinçiliyə və Kür-Araz mədəniyyətlərinə aid komponentlər var ki, onların yaşının e. ə. təxminən 3.700-cü ildən 3.200-cü ilə qədər gedib çıxdığı şübhə doğurmur. Arxeoloji qazıntılar zamanı quyular və bir neçə qəbir aşkar edilmişdir. Saxsı, vulkanik şüşə və sümük lətlərin daxil olduğu maddi mədəniyyət qalıqları toplusu göstərir ki, əkinçilik, heyvandarlıq və xırda sənətkarlıq işləri ilə məşğul olmuşdur. Sahədə aşkar edilmiş qəbirlər Xalkolit və İlkin Tunc dövrlərində dəfn qaydalarının təkamülünün başa düşülməsinə kömək etmişdir.

Palebotanik qalıqlar göstərir ki, dənli bitkilərin becərilməsi, bağçılıq və şərab istehsalı həmin vaxta qədər yaxşı inkişaf etmişdir, arpa, fındıq, şabalıd, darı, göbələk, üzüm, qarabaşaq və buğda, yəqin ki, qida məhsulları olmuşdur. Vəhşi heyvan növləri (vəhşi atlar, çöl donuzları, zərif ceyranlar, sığınlar) və ev heyvanları (keçi, inək, camış və qoyun) ilə bağlı fauna materialları burada heyvandarlıq və ovçuluğun birlikdə mövcud olduğunu göstərir.

The Tiselis Seri settlement and cemetery in the Borjomi District provide valuable data about the next stage of development of the Kura-Araxes culture. The site contains a village and a cemetery from the second quarter of the 3rd millennium BC. The most important artifacts from the excavations here are pottery. The vessels are handmade, not wheel-thrown, and the larger ones are decorated with relief spirals or other curvilinear motifs. The site also yielded fibers of wool and flax, and the presence of multi-colored threads indicates that weaving was practiced. There is evidence of connections to northeastern Anatolia during the time the site was active.

Early Bronze Age (ca. 3000 – 2000 BC)

Early Bronze Age societies seemed to have been relatively stable socially and economically. In the middle of the 3rd millennium BC the Culture of Early Bronze Age Kurgans developed in the Eastern Caucasus. It co-existed with the later stage of the Kura-Araxes culture in the Southern Caucasus and was situated between between the Kura (Mtkvari) and Araxes rivers. Both cemeteries and settlements have been uncovered in this area. Typically, houses were single story, mud and stone brick that were reinforced with wood frames. The primary new element of this culture was a distinctive burial ritual: the deceased were buried in kurgans, graves defined by stone or soil mounds; in some cases, the kurgans exceeded 100 meters in diameter and 8-10 meters in height. The Culture of Early Kurgans persisted through the end of the 3rd millennium BC. The Kura-Araxes culture also characterized with special ceramic decorative traits and the bronze smelting technology in the mid-fourth millennium BC.

Borjomi rayonundakı Tiselis Seri yaşayış məskəni və qəbirstanlığı Kür-Araz mədəniyyətinin inkişafının növbəti mərhələsi barədə dəyərli məlumatlar verir. Sahədə tarixi e. ə. 3-cü minilliyin ikinci rübündən başlanan bir kənd və qəbirstanlıq var. Burada aparılmış arxeoloji qazıntılar zamanı aşkar edilmiş ən əhəmiyyətli maddi mədəniyyət qalıqları saxsı qablardır. Qablar fırlanan dulusçuluq dəzgahı ilə deyil, əllə düzəldilmişdir, nisbətən iri qablar isə spiralvari haşiyələr və ya digər əyrixətli naxış elementləri ilə bəzədilmişdir. Eyni zamanda, bu sahədə yun və kətan lifləri də tapılmışdır. Burada rəngarəng sapların olması toxuculuq işlərinin həyata keçirildiyindən xəbər verir. Sahədəki fəal yaşayış ərzində buranın şimal-şərqi Anadolu ilə əlaqələrinin olmasını sübut edən dəlillər var.

Erkən Tunc dövrü (e. ə. təxminən 3000 – 2000 illər)

Görünür ki, İlkin Tunc dövrünə aid cəmiyyətlər sosial və iqtisadi baxımdan nisbətən sabit olmuşdur. E. ə. üçüncü minilliyin ortasında Şərqi Qafqazda İlkin kurqanlar mədəniyyəti kimi məlum olan bir dövr inkişaf etmişdir. Bu mədəniyyət Kür-Araz mədəniyyətinin son mərhələsi olaraq Cənubi Qafqazda, Kür və Araz çayları arasında yayılmışdir. Bu ərazidə həm məzarlıqların həm də yaşayış məskənlərinin üzəri örtülməmişdir. Səciyyəvi olaraq, evlər palçıq və daş kərpicdən hörülmüş və taxta çərçivələr ilə möhkəmləndirilmiş bir mərtəbəli tikililərdən ibarət olmuşdur. Bu mədəniyyətin başlıca yeni elementi fərqli bir dəfn mərasimi olmuşdur: dünyasını dəyişmiş şəxs kurqanlarda – üstündə daş və ya torpaq təpəciklər düzəldilmiş qəbirlərdə dəfn edilmişdir və bəzi hallarda bu cür qəbirlərin diametri 100 metrdən çox, hündürlüyü isə 8-10 metr olmuşdur. İlkin kurqanlar mədəniyyəti eramızdan əvvəl üçüncü minilliyin sonuna qədər davam etmişdir. Kür-Araz mədəniyyəti də həmçinin eramızdan əvvəl dördüncü minilliyin ortalarında xüsusi dekorativ keramika və tunc əritmə texnologiyası ilə xarakterizə olunur.

Without doing harm to the artifacts found along the pipeline, archeologists used white caulk to recreate broken pots. All restorations must be reversible so that the artifacts can be returned to the original state in which they were found should further study be required. This pot from Tkemlara demonstrates the technique.

Boru kəməri boyunca tapılmış maddi mədəniyyət qalıqlarına ziyan vurmadan arxeoloqlar sınmış küpləri bərpa etmək üçün ağ qətrandan istifadə etmişlər. Bərpa olunan bütün əşyalar ilk vəziyyətinə qaytarıla bilən əşyalar olmalıdır ki, əlavə tədqiqat tələb olunacağı təqdirdə, maddi mədəniyyət qalıqları tapıldıqları ilk vəziyyətə qaytarıla bilsin. Tkemlara sahəsindən tapılmış bu küp sözügedən üsulu nümayiş etdirir.

Two kurgans, both dated to the mid-3rd millennium BC, were excavated in different parts of Georgia—Tori and Kvemo Kartli—during the pipelines project. The Tori site, known as the Kodiani Kurgan, is located on a ridge dividing two drainages of the Kodiana Mountain in the Borjomi district. A rock-filled mound measuring 14 meters in diameter with a pit (burial chamber) defines the kurgan at this site. Fragments of the burned human remains of a woman of about 50 in the burial chamber suggest that the deceased was cremated. The items buried with her included pots with black polished surfaces, one of which was decorated with incised and grooved ornaments. Generating the most interest, however, was evidence of apiculture (honey making) in the burial's ceramic vessels. Previously, the earliest archaeological evidence of apiculture was found in Asia Minor and Egypt, but the Tori site now appears to represent one of the earliest honeymaking locations.

The Tremlara Kurgan was found at the Kvemo Kartli site in the Tetritskaro district. It lies on the slope of the Bedeni Mountain and is characterized by a circular, rock- and soil-filled mounds 23m in diameter that encompassed two human graves (both 3rd millennium BC). The first grave, which did not have human remains inside of it, occupies a main central chamber cut in the bedrock and filled with stones, and contained a polished stone axe, bronze dagger, several small pots, and carbonized fragments of four wooden chariot wheels. The second grave is cut into the northwest side of the main chamber, and contained the remains of a woman. Both graves date to the mid-3rd millennium BC.

Boru kəmərləri layihəsi ərzində arxeoloji qazıntılar zamanı Gürcüstanın müxtəlif hissələrində - Tori və Kvemo Kartlidə tarixi e. ə. 3-cü minilliyin ortasına gedib çıxan iki kurqan aşkar edilmişdir. Kodiani kurqanı kimi məlum olan Tori sahəsi Borjomi rayonunda Kodiana dağının çay şəbəkəsini iki hissəyə bölən qayanın üstündə yerləşir. Kurqan burada diametri 14 metr olan daş təpəlik və bir quyu (dəfn kamerası) ilə təmsil olunmuşdur. Dəfn kamerasında yanmış insan – təxminən 50 yaşlı qadın qalıqlarının fraqmentləri vəfat etmiş şəxsin kremasiya olunduğunu (yandırıldığını) göstərir. Dünyasını dəyişmiş şəxs ilə birlikdə dəfn olunmuş əşyaların arasında qara cilalı qazanlar var və bunlardan biri kəsmə və oyma naxışlarla bəzədilmişdir. Bununla yanaşı, ən çox maraq doğuran məsələ sərdabədəki saxsı qablarda arıçılığın (bal istehsalının) əlamətlərinin aşkar edilməsi olmuşdur. Bu vaxta qədər qədim arıçılığın arxeoloji dəlilləri Kiçik Asiya və Misirdə tapılmışdı, amma Tori sahəsi balın ilk dəfə istehsal edildiyi ərazilərdən birinə də aid ola bilər.

Tremlara kurqanı Tetritskaro rayonunun Kvemo Kartli sahəsində aşkar edilmişdir. Bu kurqan Bedeni dağ silsiləsinin yamacında yerləşir və 23m diametrə malik dairəvi daş və torpaq təpəciklə xarakterizə olunur və özündə iki insan qəbrini əhatə edir (hər ikisi də e.ə. 3-cü minilliyə aiddir). İçərisində insan qalıqları aşkar edilməyən birinci qəbir sal qayada kəsilib açılmış və daşlarla doldurulmuş əsas mərkəzi kameranı tutur və bu qəbirdə cilalanmış daş balta, tunc xəncər və bir neçə kiçik qazan da olmuş, əsas kameranın döşəməsinin üstündə isə ağacdan hazırlanmış dördtəkərli arabanın kömürləşib qaralmış fraqmentləri qalmışdır. İkinci qəbir isə, əsas kameranın şimal-qərb tərəfində qayada kəsilib açılmış bir qəbirdir və burada qadın cəsədinə məxsus qalıqlar mövcud idi. Hər iki qəbrin tarixi e. ə. 3-cü minilliyin ortasına aiddir.

Middle Bronze Age (ca. 2000 – 1600 BC)

The Middle Bronze Age corresponds to Trialeti Culture (2000-1500 BC) in Georgia. The culture is named for the Trialeti Plateau, the area of southcentral Georgia traversed by the pipeline. The culture is best known for large and elaborate tombs and kurgans and cobbled access roads. These kurgans are famous for their brilliant grave goods that contain ceramic and bronze objects, which include fine jewelry.

Although these elaborate burial rituals suggest a complex social structure, almost nothing is known about the domestic life of Trialeti people because to date very few examples of Trialeti settlements have been found.

During the pipeline construction, a settlement from the Middle Bronze Age was excavated in the historical province of Georgia Trialeti, Tsalka District, on the plain north of Jinisi village, on the left bank of Gumbatistskali River. The Jinisi settlement consisted of two construction layers. Some of the earliest artifacts also came from the Mousterian or Middle Paleolithic.

The most important discoveries, however, were the houses and artifacts from the Middle Bronze Age. Four houses dating back to the end of the Middle Bronze Age featured a semi-dugout design. Stone walls were built in single-row bond masonry, and the floors were leveled with clay. Stone bases that fixed the wooden columns were situated in front of the walls and at the center of the interior. The columns supported flat roofs, and each house contained an oven and a hearth. The construction technique was similar to that used in the burial chambers of kurgans of the Trialeti Culture. The pottery discovered on the floors of the houses was black-burnished and ornamented with imprinted triangles, again typical of the pottery found in kurgans of the Trialeti Culture.

Orta Tunc dövrü (təxminən e. ə. 2000 – 1600-cü illər)

Orta Tunc dövrü Gürcüstandakı Trialeti mədəniyyətinə (e.ə 2000-1500-cü illər) aid olunur. Bu mədəniyyət boru kəmərinin eninə kəsdiyi Gürcüstanın cənub-mərkəz hissəsindəki Trialeti yaylasına görə belə adlandırılıb. Bu mədəniyyət geniş və dəqiq qəbirlərə və kurqanlara və çay daşı ilə döşənmiş giriş yollarına görə yaxşı tanınır. Bu kurqanlar tərkibində keramika və tuncdan hazırlanmış əşyalar, o cümlədən incə zərgərlik məmulatları olan mükəmməl qəbir əşyalarına görə məşhurdur.

Baxmayaraq ki, bu zəngin rituallar mürəkkəb ictimai quruluşdan xəbər verir, və bu günə qədər Trialeti yaşayış məslənlərinə aid çox az nümunə aşkar edildiyindən, demək olar ki, Trialeti insanlarının məişət həyatı barədə heç nə məlum deyil.

Boru kəmərinin tikintisi ərzində Gürcüstanın Tsalka rayonunun tarixi əyaləti Trialetidə Cinisi kəndinin düzənlik şimal tərəfində Qumbatistskali çayının sol sahilində Orta Tunc dövrünə aid bir yaşayış məskəni aşkar edilmişdir. Cinisi yaşayış məskəni iki tikinti qatından ibarət olmuşdur. Ən qədim maddi mədəniyyət qalıqlarının bir neçəsi Mustye mədəniyyəti və ya Orta Paleolit dövrünə aid olmuşdur.

Bununla belə, aşkar edilmiş ən əhəmiyyətli arxeoloji tapıntılar Orta Tunc dövrünə aid evlər və maddi mədəniyyət qalıqları olmuşdur. Tarixi Orta Tunc dövrünün sonuna gedib çıxan dörd evin yarımqazma tipli olduğu müəyyənləşdirilmişdir. Daş divarlar bir cərgəli hörgü ilə qurulmuş döşəmələr gil ilə suvanmışdır. Taxta sütunları bərkidən daş altıqlar divarların ön tərəfində interyerin mərkəzində yerləşdirilmişdir. Heç şübhəsiz ki, sütunlar yastı damları saxlayırmış və hər bir evdə bir təndir və soba olmuşdur. Tikinti üslubu Trialeti mədəniyyətinə aid kurqanların qəbir kameralarında istifadə edilmiş üsluba oxşar olmuşdur. Evlərin döşəmələrinin üstündə tapılmış saxsı qablar qara haşiyələnmiş və basma üçbucaqlarla naxışlanmışdır ki, bunlar yenə Trialeti mədəniyyətinə aid kurqanlardan tapılmış saxsı qablara bənzər olmuşdur.

Jinisi is the first settlement where this type of pottery has been uncovered. Other artifacts found at the site—a variety of querns, mortars, chopping tools—along with the results of pollen studies indicate the advanced development of agricultural crop production in the 18th-17th centuries BC, with wheat and rye the major crops. Bones of wild animals discovered on the floors of the houses demonstrate the importance of hunting and well-developed experience with farm animals, including horse breeding.

Late Bronze-Early Iron Age (ca. 1600 – 600 BC)

The Late Bronze Age in Georgia saw the start of the historical distinction between eastern and western Georgia. Assyrian and then Urartian written sources contain the first references to proto-Georgian tribes and states. The proto-Georgian state of Diauehi (Diauhi or Diaokhi) was formed in the 12th century BC at the sources of the Chorokhi and Euphrates Rivers. It is first identified with the state of Daiaeni and with an inscription dating from Assyrian King Tiglath-Pileser I's third year (1118 BC). After centuries of battling for independence from the Assyrians, in the first half of the 8th century BC Urartu annexed a large part of Diauehi. Extremely weakened by these wars, in the mid 8th century BC Diauehi was finally destroyed by another proto-Georgian kingdom, Kulkha (Colchis in Greek sources). Colchis was formed in the 13th century BC on the eastern shore of the Black Sea. According to Greek mythology, it was a wealthy kingdom situated in the mysterious periphery of the heroic world. Here, in the sacred grove of the war god Ares, King Aeetes hung the Golden Fleece until Jason and the Argonauts seized it. Colchis was also the land where Zeus punished the mythological Prometheus for revealing the secret of fire to humanity by chaining him to a mountain. Colchis disintegrated after the invasion of Cimmerians and Scythians in the last quarter of the 8th century BC.

Cinisi yaşayış məskəni bu cür saxsı qablar tapılmış birinci yaşayış məskənidir. Sahədə aşkar olunmuş digər maddi mədəniyyət qalıqları – müxtəlif əl dəyirmanları, əhəngli tikinti qarışıqları, kəsici alətlər, polinoloji analizləri ilə birlikdə göstərir ki, eramızdan əvvəl 18-ci – 17-ci əsrlərdə buğda və vələmir əsas bitkilər olmaqla kənd təsərrüfatı məhsullarının istehsalı xeyli inkişaf etmişdir. Evlərin döşəmələrində tapılmış vəhşi heyvanların sümükləri ovçuluğun əhəmiyyətini və atçılıq daxil olmaqla, kənd təsərrüfatı heyvanları ilə bağlı yaxşı inkişaf etmiş təcrübənin mövcud olduğunu göstərir.

Son Tunc-Erkən Dəmir dövrü (təxminən e. ə.vvəl 1600 – 600-cü illər)

Gürcüstanda Son Tunc dövrü şərqi və qərbi Gürcüstan arasında tarixi fərqlənmənin başlanğıcına təsadüf edir. Assuriya və Urartu yazılı mənbələrində protogürcü tayfaları və dövlətlərinə ilkin istinadlar var. Diauehi (Diauhi və ya Diaoxi) protogürcü dövləti eramızdan əvvəl 12-ci əsrdə Çoroxi və Fərat çaylarının mənbələrində yaradılmışdır. Bu ilk dəfə Daiaeni dövləti və Assuriya çarı Birinci Tiqlat Palasar hökmranlığının üçüncü ilinə aid yazı (eramızdan əvvəl 1118-ci il) ilə müəyyənləşdirilmişdir. Assuriyalıların tabeçiliyindən xilas olmaq üçün əsrlərlə mübarizədən sonra eramızdan əvvəl 8-ci əsrin birinci yarısında Urartu dövləti Diauehi dövlətinin böyük bir hissəsini ilhaq etmişdir. Bu müharibələr nəticəsində həddindən çoz zəifləmiş Diauehi dövləti eramızdan əvvəl 8-ci əsrin ortasında Kulxa (Yunan mənbələrində Kolxida) adlı başqa bir protogürcü krallığı tərəfindən son olaraq dağıdılmışdır. Kolxida krallığı eramızdan əvvəl 13-cü əsrdə Qara dənizin şərq sahilində yaradılmışdır. Yunan mifologiyasına görə bu dövlətli krallıq qəhrəmanlıq dünyasının sirli periferiyasında yerləşirdi. Yason və Arqonavtlar tərəfindən ələ keçirilənə qədər, kral Aetes Qızıl yunu burada, müharibə allahı Aresin müqəddəs meşəsində asırdı. Eyni zamanda, Kolxida odun sirrini insana açdığına görə Zevsin mifoloji qəhrəman Prometeyi dağa zəncirləməklə cəzalandırdığı bir məkan olmuşdur. Kolxida krallığı eramızdan əvvəl 8-ci əsrin sonuncu rübündə Kimmerlər və Skiflərin işğalından sonra süqut etmişdir.

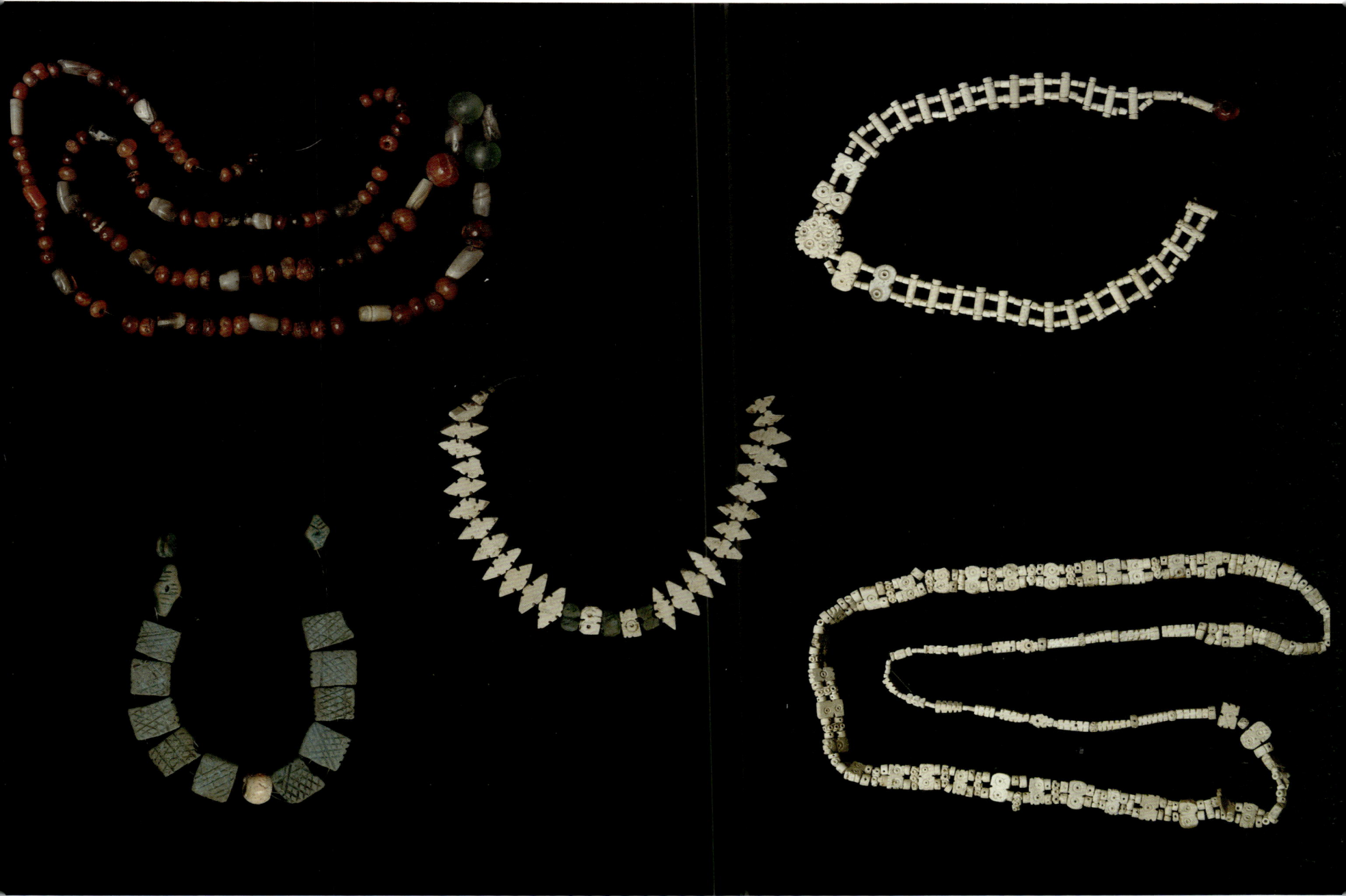

These necklaces are made of carnelian and glass paste beads. The white and green ones, called domino-like beads, are characteristic of the 7th-6th century BC. All were found at the Eli Baba Cemetery near Tsalka, Georgia on the necks or hands of human remains. Because the graves had previously been looted, the individual beads had been displaced, so it was impossible to identify which objects were parts of necklaces and which of bracelets.

Bu boyunbağılar əqiq və şüşə muncuqlardan hazırlanmışdır. Dominoya bənzər muncuqlar adlandırılan ağ və yaşıl muncuqlar eramızdan əvvəl 7-ci – 6-cı əsrlər üçün xarakterik muncuqlardır. Bunların hamısı Gürcüstanın Tsalka rayonunun yaxınlığındakı Əli Baba məzarlığında insan qalıqlarının boyun və ya əl hissələrində tapılmışdır. Qəbirlər əvvəllər soyulduğuna, ayrı-ayrı muncuqların yeri dəyişdirildiyinə görə hansı boyunbağıların və hansı elementlərin bilərziklərin hissələri olduğunu müəyyənləşdirmək mümkün olmamışdır.

A number of bronze pendants similar to the circular ornament on the right were found in graves of the Eli Baba Cemetery near Tsalka, Georgia. The unidentified bronze object on the left, which was found in a location adjacent to the pendant, may have also been worn as a decorative item. Several other bronze artifacts such as pins and bracelets were discovered at this site.

Sağ tərəfdəki girdə ornamentə oxşayan bir sıra asma bəzək əşyaları Gürcüstanın Tsalka rayonunun yaxınlığındakı Əli Baba məzarlığının qəbirlərindən tapılmışdır. Sol tərəfdə asma bəzək əşyasının yaxınlığında tapılmış və müəyyənləşdirilməmiş tunc əşya, ehtimal ki, bəzək əşyası kimi taxılmışdır. Bu sahədə sancaq və bilərziklər kimi bir neçə digər tunc maddi mədəniyyət qalığı da aşkar edilmişdir.

Several of the circular stone graves in the Eli Baba Cemetery were marked by a menhir (vertical stone). An unfortunate consequence of the use of menhirs was to signal the presence of the necropolis for later grave looters.

Əli Baba məzarlığında dairəvi daş qəbirlərin bir neçəsi mengir ilə nişanlanmışdır. Mengirlərin istifadə olunmasının arzuolunmaz nəticəsi sonralar qəbir soyğunçuları üçün nekropolun mövcudluğu barədə siqnal vermək olmuşdur.

Excavations of the Late Bronze Age graves in the Eli Baba Cemetery generally yielded few burial artifacts, perhaps because of looting.

Əli Baba məzarlığında Son Tunc dövrünə aid qəbirlərdə aparılmış arxeoloji qazıntılar nəticəsində dəfnlə bağlı cəmi bir neçə maddi mədəniyyət qalığı tapılmışdır ki, bu, ehtimala görə qəbirlərin soyulması ilə bağlı olmuşdur.

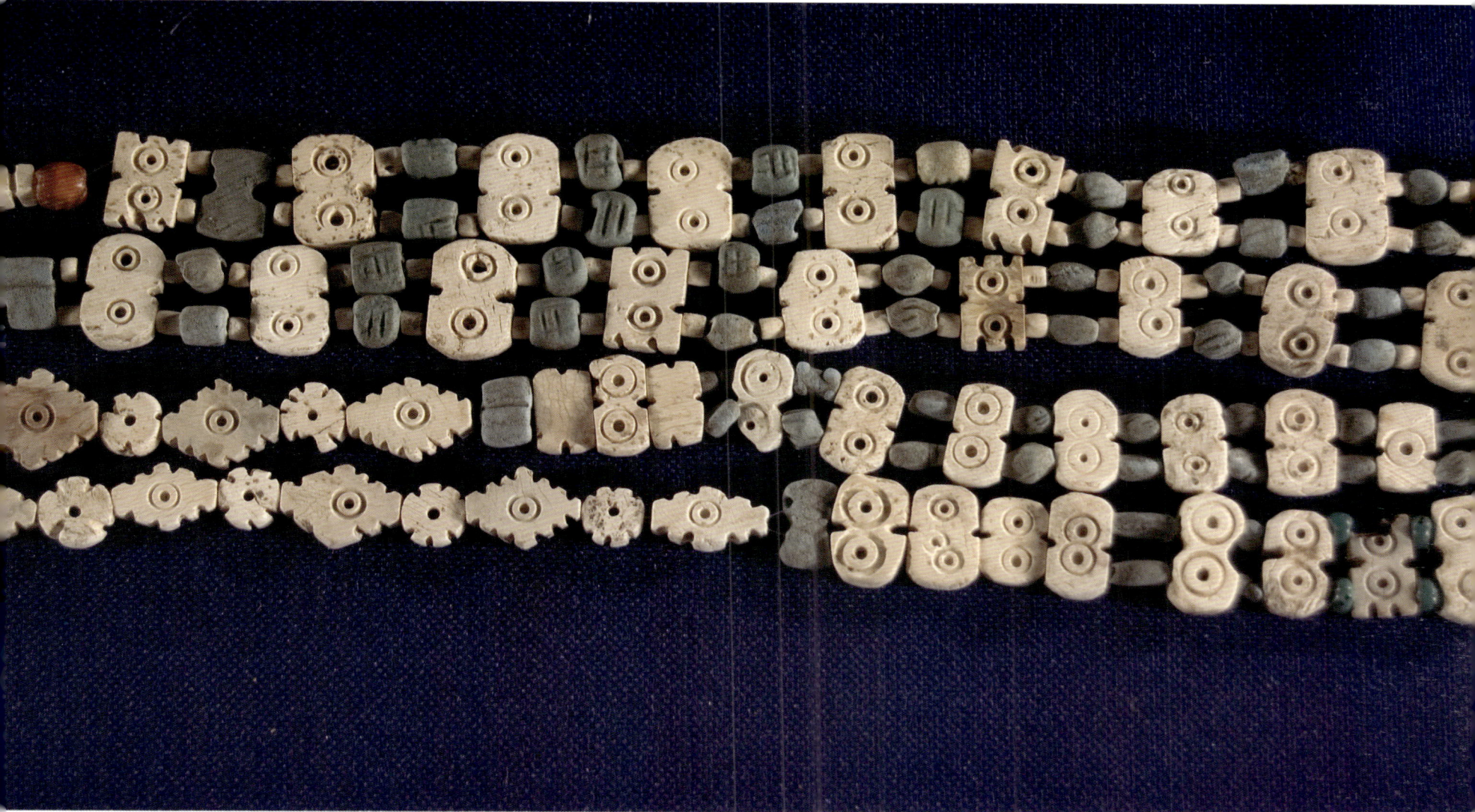

This necklace of bone and ivory was one of several found at the Eli Baba site.

Sümük və fil sümüyündən hazırlanmış bu boyunbağı Əli Baba sahəsində tapılmış müxtəlif əşyalardan biridir.

There are no written sources about the territory of eastern Georgia in the Late Bronze-Early Iron Age. However, several rich archaeological sites provide information about the cultural and political situation. One of the most interesting sites of the Late Bronze Age, the Saphar-Kharaba cemetery (discussed more extensively in Chapter 3), was excavated as a result of the pipeline construction.

Early Classical (Early Antique) Period (ca. 600 – 300 BC)

Toward the mid-6th century BC, the tribes living in southern Colchis were incorporated into the 19th Satrapy of Persia. The advanced economy and favorable geographic and natural conditions of the area attracted Greeks, who colonized the Colchian coast, establishing trading posts at Phasis, Guuenos, Dioscurias, and Pitius during the 6th-5th centuries BC. According to archaeological discoveries, Colchis emerged as an economically and culturally advanced state during this period, with evidence of key elements of a strong civilization: civic structure (territorial-administrative divisions) and central state authority (the royal dynasty of the Aeetids); intensive urban life; a complex taxation system; and cultural manifestations, including architecture. The eastern part of Georgia is believed to have been partially under the Achaemenid Empire. During this period various eastern Georgian tribes struggled for leadership, with the Kartlian tribes eventually prevailing. At the end of the 4th century BC the Kartli (Iberia) Kingdom, the first eastern Georgian state, was founded.

Şərqi Gürcüstanın Son Tunc – Erkən Dəmir dövründəki ərazisi barədə yazılı mənbələr yoxdur. Bununla belə, bir neçə zəngin arxeoloji sahə mədəni və siyasi vəziyyət haqqında məlumat verir. Boru kəmərinin tikintisi nəticəsində Son Tunc dövrünün ən maraqlı sahələrindən biri olan Səfər-Xaraba məzarlığında (3-cü fəsildə daha geniş şəkildə müzakirə olunur) arxeoloji qazıntılar aparılmışdır.

Erkən Antik dövr (təxminən e. ə. 600 – 300-cü illər)

Cənubi Kolxidada yaşayan tayfalar eramızdan əvvəl 6-cı əsrin ortasında İranın 19-cu Satraplığında birləşdirilmişlər. Ərazinin inkişaf etmiş iqtisadiyyatı və əlverişli coğrafi və təbii şəraiti yunanları cəlb etmiş, onlar Kolxida sahilini zəbt edərək eramızdan əvvəl 6-5-ci əsrlər ərzində Feysis, Quuenos, Dioskurias və Pitiusda ticarət məntəqələri yaratmışlar. Arxeoloji tapıntılara görə Kolxida bu dövr ərzində iqtisadi və mədəni baxımdan inkişaf etmiş dövlət kimi meydana çıxmış və orada güclü sivilizasiyanın əsas elementləri aşağıdaki sahələrdə özünü biruzə vermişdir: ictimai struktur (inzibati ərazi bölgüləri) və mərkəzləşdirilmiş dövlət hakimiyyəti (Aetidlərin kral süləsi); intensiv şəhər həyatı; kompleks vergitutma sistemi; memarlıq və mədəniyyət təzahürləri. Gürcüstanın şərq hissəsinin qismən Əhəməni İmperiyasının hökmranlığı altında olduğu şübhə doğurmur. Bu dövr ərzində şərqi Gürcüstanın müxtəlif tayfaları liderlik uğrunda mübarizə aparmış və son nəticədə bu mübarizədə Kartli tayfaları üstünlük qazanmışdır. Eramızdan əvvəl 4-cü əsrin sonunda Kartli (İberiya) çarlığı, yəni birinci şərqi Gürcüstan dövləti yaradılmışdır.

This particular object, the head of a bull made of clay mixed with straw, was found in one of the structures of the Ktsia Valley settlement dating from the 6th-4th centuries BC. The bull is believed to have been a holy animal associated with fertility and the moon. Depictions of the bull are found at sites of various periods.

Samanla qarışdırılmış gildən hazırlanmış öküz başı olan bu xüsusi əşya yaşı eramızdan əvvəl 6-4-cü əsrlərə gedib çıxan Ktsia vadisindəki yaşayış məskəninin tikililərindən birində aşkar edilmişdir. Öküzün bolluq və ay ilə bağlı müqəddəs heyvan hesab edildiyi şübhə doğurmur. Öküz təsvirləri müxtəlif dövrlərə aid sahələrdə aşkar olunmuşdur.

One of the important Early Antique Period sites excavated during the pipeline construction is Ktsia Valley, located in the Borjomi District. The site, which sits on a bank of the Ktsia River at 2,000 meters above sea level, contains older layers dating from the Kura-Araxes culture, as well as the remains of a much larger settlement dating from the 6th-4th centuries BC.

Most of the structures at the site were built of flat stones fixed with clay, with evidence of structures that apparently supported flat roofs. An altar made of clay mixed with straw, and the head of a bull (an animal thought to have had ritual significance and associated with fertility and the moon) made of the same material, were also found. Generally, pottery was wheel-thrown; handmade items were rare. Ornaments were either engraved or embossed. One fragment of a polished red ceramic vessel seems to have been imported. Agricultural activity was somewhat restricted, perhaps because of the elevation, although cattle-breeding was important. Barley and oats (species well-adapted to the local environment) were cultivated. During the final stages of the settlement's existence, it was destroyed by fire several times, possibly as a result of conquests.

Hellenistic Period (ca. 300 BC – 0 AD)

The Hellenistic period is usually said to extend from the accession of Alexander the Great to the throne of Macedonia in 336 BC to the death of Cleopatra VII of Egypt in 30 BC. During the late 4th-early 3rd centuries BC, the eastern Georgian Kartli Kingdom emerged as a powerful force and created a single Georgian civilization. According to written sources from medieval Georgia, Parnavaz, the representative of the aristocracy in Mtskheta, the ancient capital of Georgia, defeated his rival Azo and declared himself King of Kartli.

Boru kəmərinin tikintisi ərzində aparılmış qazıntılar nəticəsində aşkar edilmiş İlkin Antik dövrə aid əhəmiyyətli sahələrdən biri də Ktsia vadisi ərazisidir və bu sahə Borjomi rayonunda yerləşir. Dəniz səviyyəsindən 2.000 metr yüksəkdə Ktsia çayının sahilində yerləşən bu sahədə tarixi Kür-Araz mədəniyyətinə gedib çıxan daha qədim qatlar, o cümlədən yaşı e. ə. VI-IV əsrlərə aid olan daha böyük bir yaşayış məskəninin qalıqları var.

Sahədəki tikililərinin əksəriyyəti bir-birinə gil ilə yapışdırılmış yastı daşlardan inşa edilmişdir. Bunlar, heç şübhəsiz ki, yastı damları saxlayırmış. Bir tikilinin içərisində samanla qarışdırılmış gildən hazırlanmış ibadətgah və eyni materialdan düzəldilmiş öküz başı (ritual əhəmiyyətə malik olması ehtimal edilən, məhsuldarlıq və ay ilə əlaqələndirilən heyvan) da tapılmışdır. Ümumiyyətlə, saxsı qablar fırlanan dulusçuluq dəzgahında hazırlanmışdır, burada əl ilə düzəldilmiş müxtəlif məmulatlara nadir hallarda rast gəlinmişdir. Naxışlar ya oyma, ya da döymə üsulu ilə salınmışdır. Cilalanmış qırmızı saxsı qab kənardan gətirilmiş məmulat təsiri bağışlayır. Sahədə əkinçilik fəaliyyəti, nə səbəbdənsə, məhdud olmuşdur. Güman ki, bu məhdudiyyət sahənin yüksəkdə yerləşməsi ilə bağlı olmuşdur, buna baxmayaraq, sahədə heyvandarlığın əhəmiyyətli fəaliyyət növü olduğu aydın görünür və yerli mühitə yaxşı uyğunlaşmış müxtəlif arpa, vələmir növləri və sortları becərilmişdir. Mövcudluğunun son mərhələləri ərzində yaşayış məskəni, yəqin ki, istilalar nəticəsində törədilmiş bir neçə yanğınla yerlə yeksan edilmişdir.

Ellinizm Dövrü (e.ə. III – I əsrlər)

Deyilənə görə Ellinizm dövrü eramızdan əvvəl 336-cı ildə Böyük İsgəndərin Makedoniya taxt-tacına sahib olduğu dövrdən Misirli VII Kleopatranın eramızdan əvvəl 30-cu ildə vəfatına qədərki dövrü əhatə edir. E. ə. IV əsrin sonu - III əsrin əvvəli şərqi Gürcüstanın Kartli çarlığı qüdrətli bir güc mərkəzi kimi meydana çıxmış və vahid Gürcü sivilizasiyasını yaratmışdır.

Parnavaz created a system of military, fiscal, and administrative units, subdividing the country into several counties, called saeristavos, which paid tributes to the king. Parnavaz also established a single national cult around the supreme deity, Armazi, who personified the supreme ruler of the state. During the 3rd century BC, the Kartli (Iberia) Kingdom grew in power and expanded to the west. Incessant warfare characterized the following two centuries, with the kingdom forced to defend itself against numerous invasions. When the close association between Armenia and Pontus (currently located in north Turkey) resulted in an invasion by Pompey in 66-65 BC, King Artag of Kartli was forced to become a subordinate ally of Rome.

Numerous important sites in Georgia dating from this time have been excavated, including cities, temples, and cemeteries. However, until the pipeline project, no settlements had been found in this location. The project conducted the excavation at Skhalta, which included both a settlement and a cemetery. The structures there were quadrangular, built of stone and possibly mud brick. The population mostly engaged in animal husbandry, along with gardening, viticulture, and cultivation of wheat and flax.

Sixty graves were excavated at Skhalta, including square stone tombs and pit burials. There were bones of sacrificial sheep and goats on the surface of the graves, and human remains inside them.

Orta əsrlər Gürcüstan yazılı mənbələrinə görə Gürcüstanın qədim paytaxtı Mtsxetada yuxarı təbəqənin nümayəndəsi Parnavaz öz rəqibi Azunu məğlub etmiş və özünü Kartlinin çarı elan etmişdir. Parnavaz hərbi, maliyyə və inzibati vahidlər yaradaraq ölkəni saeristravos adlanan bir neçə qraflığa bölmüşdur. Eyni zamanda, Parnavaz allahlıq iddiasında olan Armazi ətrafında vahid milli kult yaratmış və o, dövlətin ali hökmdarı vəzifəsini həyata keçirmişdir. Kartli (İberiya) çarlığı e. ə. III əsr ərzində inkişaf edərək güclənmiş və qərbə doğru genişlənmişdir. Növbəti iki əsr fasiləsiz müharibələrlə xarakterizə olunmuş və çarlıq özünü saysız-hesabsız müdaxilələrdən qorumağa məcbur olmuşdur. Ermənistan və Pont səltənəti (hazırda şimali Türkiyədə yerləşir) arasında yaxın əlaqə eramızdan əvvəl 66-65-ci ildə Pompey tərəfindən işğal ilə nəticələnəndə, Kartli çarı Artaq Romanın köməkçi müttəfiqi olmaq məcburiyyətində qalmışdır.

Gürcüstanda bu dövrə aid şəhərlər, məbədlər, məzarlıqlar daxil olmaqla, çoxlu əhəmiyyətli sahələr aşkar olunmuşdur. Amma boru kəməri layihəsinə qədər, bu yerdə heç bir yaşayış məskəni aşkar edilməmişdi. Layihə çərçivəsində Sxalta sahəsində həm yaşayış məskəninin, həm də məzarlığın daxil olduğu arxeoloji qazıntı işləri aparılmışdır. Oradakı tikililər daşdan və güman ki, kvadrat formalı çiy kərpicdən inşa olunmuşdur. Yaşayış məskəninin əhalisi əsasən heyvandarlıqla məşğul olmuşdur. Bununla yanaşı, orada bağçılıq, üzümçülük, buğda və kətan becərilməsi işləri də həyata keçirilmişdir.

Sxaltada arxeoloji qazıntılar nəticəsində ümumilikdə 60 qəbir aşkar edilmişdir və bunların arasında kvadrat daş məzarlar və çala qəbirlər olmuşdur. Qəbirlərin üstündə qurban kəsilmiş qoyun və keçilərin sümükləri, içərisində isə insan qalıqları olmuşdur.

This well-preserved wooden comb (on the right) from Skhalta, Georgia, is a rare find for a Hellenistic site. Curly locks were the style of both women and men, and combs were created to secure hair accessories made of flowers, myrtle, and ivy, often in the shape of wreaths. The ear cleaner (left) is a rare example of one made from bone; most ear cleaners found from the Hellenistic period were made of bronze.

Gürcüstanda Sxalta sahəsindən tapılmış yaxşı qalmış taxta qəbir (sağda) Ellinist sahəsi üçün nadir bir tapıntıdır. Saçların burulması həm qadınların, həm də kişilərin xoşuna gələn dəb olmuş və saçı sıxıb saxlamaq üçün əksər hallarda çiçəklər, mərsin və sarmaşıqdan çələng formasında aksessuarlar hazırlanmışdır. Qulaqtəmizləyən (solda) sümükdən düzəldilmiş nadir bir nümunədir; Ellinist dövrünə aid tapılmış qulaqtəmizləyənlərin çoxu tunçdan hazırlanmışdır.

These three tools from Skhalta are made of iron. The battle axe (left) and the spear head (middle) were placed next to the face or arms of deceased male warriors. The rarely found adze (right) was used to shape and trim wood and may have belonged to a woodworker.

Sxalta sahəsindən tapılmış bu üç alət dəmirdən hazırlanmışdır. Döyüş baltası (solda) və nizə başlığı (ortada) vəfat etmiş kiçi döyüşçülərin üzünə və ya qollarına yaxın məsafədə qoyulmuşdur. Nadir tapıntı rəndə (sağda) ağacı müəyyən formaya salmaq və naxışlamaq üçün istifadə edilmiş və yəqin ki, dülgərə məxsus olmuşdur.

Extraordinary artistic ability and craftsmanship
are evident in these fragments of a ceramic lamp
found at a site in Klde, Georgia. It features a relief
of Pegasus, the winged horse supposedly sired by
Poseidon.

Gürcüstanda Klde sahəsində tapılmış saxsı çırağın
fraqmentlərində qeyri-adi yaradıcı qabiliyyət
və sənətkarlıq səviyyəsi aydın görünür. Bu
çırağın üstündə Peqasın, Poseydon tərəfindən
mayalandırıldığı güman edilən qanadlı atın təsviri
əks olunmuşdur.

This silver coin is believed to have been issued by the Parthian King Gotarzes I, who ruled the Parthian Empire from 95-90 BC. The Empire at its greatest extent included portions of Georgia, as well as most of what is today the Middle East.

Bu gümüş sikkənin eramızdan əvvəl 95-90-cı ildən başlayaraq Parfiya İmperiyasına rəhbərlik etmiş Parfiya çarı birinci Qotarzes tərəfindən kəsilməsi şübhə doğurmur. Bu imperiyaya Gürcüstanın müəyyən hissələri, o cümlədən hazırda Yaxın Şərq kimi tanınan ərazilərin əksər hissəsi daxil olmuşdur.

This carnelian stone from a silver ring found at
Klde, Georgia, depicts three standing figures
wearing long chitons or mantles folded at the
waist with ribbons. The figure on the right might
be Demeter, goddess of the seasons, while the
central figure might be Nemesis, the spirit of
divine retribution.

Gürcüstanda Klde sahəsində tapılmş bu əqiq qaşlı
gümüş üzükdə qurşaq hissədə lentlə bağlanmış
uzun xitonlar və ya mantiyalar geyinmiş ayaq
üstündə dayanan üç fiqur təsvir edilmişdir. Sağdakı
fiqur fəsillər allahı Demetra, mərkəzdəki fiqur isə
müqəddəs qisas ruhu Nemezida ola bilər.

Kartli (Iberian) Kingdom to the Late Classical Period (ca. 0 – 400 AD)

In the first century AD the Kartli (Iberia) Kingdom was under the cultural influence of Rome and the Parthian Empires, later replaced by the Sassanian Empire in 226 AD. Evidence of close political and cultural relationships between Rome and Kartli are well represented on a noteworthy stone inscription discovered at Mtskheta, which notes that the Roman Emperor Vespasian supported Mithridates, "the friend of the Caesars" and king "of the Roman-loving Iberians," in reconstructing the fortification of Mtskheta in 75 AD. During this period, a trade road running from India to Greece crossed the territory of Kartli. Kartli controlled the most important passes of the Central Caucasus, which meant it protected the central Asian domains of Rome from the invasion of aggressive nomadic tribes from the northern Caucasus. Consequently, the Romans profited from a strengthening of Kartli. The importance of the Kartli Kingdom to Rome grew in the 2nd century. During the reign of the Roman Emperor Antoninus Pius in the 2nd quarter of the 2nd century AD, King Pharsman II of Kartli visited Rome, where a statue was erected in his honor.

Kartli (İberiya) çarlığı Son Antik dövrə qədər (təxminən eramızın 1 – 4 əsrləri)

Eramızın birinci əsrində Kartli (İberiya) çarlığı eramızın 226-cı ilində Sasani İmperiyası tərəfindən əvəz olunmuş Roma və Parfiya imperiyalarının mədəni təsiri altında idi. Roma və Kartli arasında yaxın siyasi və mədəni əlaqələrin mövcud olmasına dair dəlil Mtsxetada aşkar edilmiş daşın üstünə həkk olunmuş dəyərli yazıda öz əksini tapmışdır. Bu yazıda qeyd olunur ki, Roma İmperatoru Vespasian "Sezarın dostu" Mitridata və "Romapərəst İberiyalılar"ın çarına eramızın 75-ci ilində Mtsxetada müdafiə qalasının bərpa olunmasında dəstək vermişdir. Bu müddət ərzində Hindistandan Yunanıstana uzanan ticarət yolu Kartlinin ərazisindən keçmişdir. Kartli Mərkəzi Qafqazın əksər əhəmiyyətli keçidlərinə nəzarət etmiş və beləliklə, Orta Asiyanı Roma ağalığından və Şimali Qafqazdan yürüş edən köçəri tayfaların müdaxiləsindən qorumuşdur. Nəticədə, Romalılar Kartlinin güclənməsindən faydalanmışlar. Kartli krallığının Roma üçün əhəmiyyəti 2-ci əsrdə artmışdır. Eramızın 2-ci əsrinin 2-ci rübündə Roma imperatoru Antoninus Piusun hökmranlığı ərzində Kartli kralı 2-ci Farsman Romaya səfər etmiş və orada onun şərəfinə bir heykəl qoyulmuşdur.

During the following two centuries, the new Persian Empire led by the Sassanid dynasty made control over the South Caucasus a main objective of its expansion. Kartli stood firmly with Rome and opposed the Persian Empire. An impressive expression of its Roman orientation was the declaration of Christianity as the state religion. During the 1st century AD, the Apostle Saint Andrew brought Christianity into Georgia, a small part of the population adopted it. Finally, in 326 AD, during the reign of King Mirian, a Cappadocian woman, Saint Nino converted Kartli to that religion. Many scholars argue that the Georgian alphabet was created in the 4th or 5th century AD to make religious scripture more accessible to Georgians. The oldest examples of Georgian writing are from two 5th century AD inscriptions, one found in a church in Bethlehem, and the second in the church of Bolnisi Sioni, currently in the southern part of Georgia. Although Georgian historical tradition attributed the invention of the Georgian alphabet to Parnavaz I of Kartli in the 3rd century BC, there is no clear evidence of it prior to these inscriptions from the 5th century AD. [6]

Early Medieval Period (ca. 400 – 1000 AD)

Georgia's medieval culture was greatly influenced by eastern Christianity and the Georgian Orthodox Apostolic Church, which promoted and often sponsored the creation of many works of religious devotion. During the 5th century AD, Peter the Iberian (or Peter of Iberia), a Georgian Orthodox saint and prominent figure in early Christianity, founded Bethlehem, the first Georgian monastery outside Georgia. During this period, Sassanian kings conquered the neighboring countries and appointed a viceroy in Kartli who promoted the teachings of Zoroaster. However, efforts to convert the common Georgian people were generally unsuccessful.

Növbəti iki əsr ərzində Sasanilər süläləsi tərəfindən rəhbərlik edilən Fars İmperiyası öz genişlənməsi üçün əsas hədəfi olan Cənubi Qafqaza nəzarət etmişdir. Kartli Roma ilə birlikdə möhkəm dayanmış və Fars İmperiyasına müqavimət göstərmişdir. Özünün Roma İmperiyasına yönəlik fəaliyyətinin təsirli ifadəsi xristianlığı dövlət dini elan etməsi olmuşdur. Eramızın birinci əsri ərzində Apostol Müqəddəs Əndru xristianlığı Gürcüstana gətirmiş və əhalinin az hissəsi xristianlığı qəbul etmişdir. Nəhayət, eramızın 326-cı ilində Kapadokyalı qadın kral Mirianın hökmranlığı ərzində Müqəddəs Nino Kartlini sözügedən dinə tabe etdirmişdir. Bir çox alimlər mübahisə edirlər ki, gürcü əlifbası eramızın 4-cü və ya 5-ci əsrində yaradılmışdır və məqsəd dini kitabların gürcülər tərəfindən daha yaxşı başa düşülməsini təmin etmək olmuşdur. Gürcü yazılarının ən qədim nümunələri eramızın 5-ci əsrinə aid həkk olunmuş yazılardır və bunlardan biri Betlexem kilsəsində, ikincisi isə hazırda Gürcüstanın cənub hissəsində yerləşən Bolnisi Sioni kilsəsində aşkar edilmişdir. Gürcüstan tarixçilərinin gürcü əlifbasının ixtira olunmasını eramızdan əvvəl 3-cü əsrdə Kartlinin kralı olmuş birinci Parnavaz ilə əlaqələndirmələrinə baxmayaraq, eramızın 5-ci əsrinə aid bu yazılardan öncəki tarixə dair heç bir aydın dəlil yoxdur. [6]

Erkən Orta Əsrlər dövrü (təxminən eramızın 400 – 1000-ci illəri)

Gürcüstanın orta əsrlər mədəniyyətinə şərq xristianlığı və gürcü Ortadoksal Apostol Kilsəsi böyük təsir göstərmiş, bu kilsə dinə bağlı çoxlu əsərlərin yaranmasını stimullaşdırmış və əksər hallarda bunu öz vəsaiti hesabına etmişdir. Eramızın 5-ci əsri ərzində ilkin xristianlıqda gürcü katolik kilsə keşişi və görkəmli xadimi olan İberiyalı Peter (və ya İberiyanın Peteri) Gürcüstandan kənarda birinci gürcü monastrı Betlexemin əsasını qoymuşdur. Sasani şahları qonşu ölkələri istila etmiş və Kartlidə vitse-kral təyin etmişlər ki, o, Zərdüştülüyin öyrədilməsini stimullaşdırmışdır. Amma adi gürcü xalqının dinini dəyişdirmək ümumiyyətlə uğursuz olmuşdur.

The Georgian Alphabets

1	2	3	4		1	2	3	4
		a	an				r	rae
		b	ban				s	san
		g	gan				t'	t'ar
		d	don				wi	wie
		e	ėn				pʰ	pʰar
		v	vin				kʰ	kʰan
		z	zen				ɣ	ɣan
		ej	he				q'	q'ar
		tʰ	tʰan				š	šin
		i	in				č	čin
		k'	k'an				c	can
		l	las				ʒ	ʒil
		m	man				c'	c'il
		n	nar				č'	čar
		j	je				x	xan
		o	on				qʰ	qʰar
		p'	p'ar				ž	žan
		ž	žan				h	hae

1. The oldest Georgian alphabet, called Asomtavruli used from the 5th century

2. The present day alphabet called Mkhedruli used from 11th century

3. The phonetic values of the letters

4. The names of the phonetic values

1. Asomtavruli, 5-ci əsrdən bəri istifadə olunan qədim gürcü əlifbası.

2. Mxedruli, 11-ci əsrdən bu günədək istifadə olunan əlifba.

3. Hərflərin fonetikası.

4. Hərflərin fonetik səslənməsi.

The Svetitskhoveli ("Living Pillar") Cathedral in Mtskheta, Georgia, was built in the 11th century AD on the site of an earlier church. Legend holds that Jesus's robe was buried at this site.

Gürcüstanın Mtsxeta rayonundakı Svetisxoveli ("Canlı Sütun") kilsəsi eramızın 11-ci əsrində əvvəlki bir kilsənin yerləşdiyi sahədə inşa edilmişdir. Əfsanəyə görə İsa peyğəmbərin əbası bu sahədə basdırılmışdır.

In the second half of the 5th century AD, King Vakhtang Gorgasali successfully unified the people of the Transcaucasus against the Sassanid dynasty. He is associated with the founding of Tbilisi. In the early 6th century AD, Vakhtang Gorgasali was killed in the struggle against the Persians; by the end of the century Sassanian kings abolished the monarchy in Kartli, making it a Persian province. From the beginning of the 7th century AD, Byzantium predominated in western and eastern Georgia, until the Arabs invaded the Caucasus. Arab invaders reached Kartli in the mid-7th century AD and forced its prince to recognize the Caliph as his suzerain. At the beginning of the 9th century AD, Prince Ashot Bagrationi, the first of a new, local Bagrationi Dynasty, established himself as hereditary Prince of Iberia. [7]

Throughout the Early Medieval Period, Georgian Christian literature and architecture, mainly religious, flourished. Commendable examples of the cultural life of Georgia in this period are the Holy Cross Church in Mtskheta (6th century AD), the monastic complex of Davit Gareji, and the oldest surviving work of Georgian literature, "The Passion of Saint Shushanik" by Jakob Tsurtaveli, written between 476 and 483. In the 9th century AD, a prominent Georgian ecclesiastic, St. Grigol Khanzteli (Gregory of Khandzta) founded numerous monastic communities in Tao-Klarjeti in southwest Georgia. These monasteries and their scriptoria functioned as centers of knowledge for centuries and played an important role in the formation of the Georgian state.

Eramızın 5-ci əsrinin ikinci yarısında çar Vaxtanq Qorqasali Transqafqaz xalqlarını müvəffəqiyyətlə Sasanilərə qarşı mübarizəyə qaldırır. Onun adı Tbilisi şəhərinin əsasının qoyulması ilə bağlıdır. Eramızın 6-cı əsrinin əvvəlində Vaxtanq Qorqasali Farslara qarşı mübarizədə qətlə yetirilmiş və əsrin sonuna qədər Sasani şahları Kartlidə monarxiyanı məhv edərək onu Fars əyalətinə çevirmişlər. Eramızın 7-ci əsrinin əvvəlindən başlayaraq Bizans imperiyası qərbi və şərqi Gürcüstanda ağalıq etmiş və bu, ərəblər Qafqazı işğal edənə qədər davam etmişdir. Ərəb işğalçıları Kartliyə eramızın 7-ci əsrinin ortasında gəlib çatmış və onun şahzadəsini Xəlifəni özünün hökmdarı kimi tanımağa məcbur etmişlər. Eramızın 9-cu əsrinin başlanğıcında yeni Baqrationilər sülaləsinin birinci şahzadəsi Aşot Baqrationi özünü İberiyanın ənənəvi şahzadəsi elan etmişdir. [7]

Erkən Orta Əsrlər dövrü ərzində əsasən dini mahiyyət daşıyan xristian ədəbiyyatı və memarlığı çiçəklənmişdir. Bu dövrdə Gürcüstanın mədəni həyatına dair tərifəlayiq nümunələr kimi Mtsxetadakı müqəddəs xaç kilsəsini (eramızın 6-cı əsri), Davit Qarejinin monastr kompleksini və gürcü ədəbiyyatının bu günə qədər gəlib çatmış, Yakob Tsurtaveli tərəfindən yazılmış ən qədim əsər olan "Müqəddəs Şuşanikin ehtirası" adlı kitabı göstərmək olar. Bu əsər 476 və 483-cü illər arasında yazılmışdır. Eramızın 9-cu əsrində görkəmli gürcü ruhanisi Müqəddəs Qriqol Xanzteli (Xandztalı Qeqori) cənub-qərbi Gürcüstanda Tao-Klarcetidə çoxlu monastr icmalarının əsasını qoymuşdur. Bu monastrlar və onların skriptoriyaları əsrlərlə bilik mərkəzləri kimi fəaliyyət göstərmiş və gürcü dövlətinin formalaşmasında əhəmiyyətli rol oynamışdır.

Excavations for the SCP project produced this inscribed cross from the Atskuri winery. Archaeologists believe the inscription stands for Tsminda and Giorgi (Saint George).

CQBK layihəsi çərçivəsində aparılmış qazıntı işləri nəticəsində Atskuri şərab zirzəmisindən bu üstü yazılı xaç tapılmışdır. Arxeoloqlar inanırlar ki, həkk olunmuş yazı Tsminda və Giorgi (Müqəddəs Georgi) deməkdir.

Georgia from 1000 to 1300 AD

In the late 10th and early 11th centuries AD, King Bagrat III brought the various principalities of Georgia together to form a united Georgian state. In 1121, near Didgori, King David IV defeated the coalition of Seljuk Turk troops. King David, often referred to as David the Builder, spared no effort to strengthen the country. He reformed the army, regenerated the economy, altered the activities of the church, and strengthened the governmental system. When he died in 1125, he left Georgia as a strong regional power.

Gürcüstan eramızın 1000-ci ilindən 1300-cü ilinə qədər

Eramızın 10-cu əsrinin sonları və 11-ci əsrinin əvvəllərində kral 3-cü Baqrat vahid Gürcü dövləti yaratmaq üçün Gürcüstanın müxtəlif knyazlıqlarını bir araya gətirmişdir. 1121-ci ildə Didqori yaxınlığında çar 4-cü David Səlcuq Türk qoşunlarını məğlub etmişdir. Tez-tez Qurucu David kimi istinad olunan çar David ölkəni möhkəmləndirmək üçün heç bir şeyi əsirgəməmişdir. O, ordunu yenidən formalaşdırmış, iqtisadiyyatı yenidən təşkil etmiş, kilsənin fəaliyyət istiqamətlərini dəyişdirmiş və idarəçilik sistemini gücləndirmişdir. O, 1125-ci ildə vəfat etdikdə, Gürcüstanı güclü regional dövlət kimi qoyub getmişdir.

A partially reconstructed jar or cup recovered from a site near the Chivchavi Gorge in southern Georgia.

Cənubi Gürcüstanda Çivçavi dərəsinin yaxınlığındakı sahədən tapılmış və qismən bərpa edilmiş parç və ya fincan.

The most glorious sovereign of Georgia was Queen Tamar (1184-1213), and in Georgia the period from the 12th-13th centuries AD is known as "The Golden Age." The country's military-political strength relied on a diverse economy. The main centers of trade and handicraft were cities, including Tbilisi, where approximately 100,000 people lived at the beginning of the 13th century. Centers of education, including the celebrated Gelati and Ikalto monasteries, created academies that taught philosophy, astronomy, mathematics, rhetoric, and music. A collection of Georgian historical essays entitled Kartlis Tskhovreba, created in the 12th century, chronicles the lives of authors from the 8th-12th centuries AD and became the authoritative description of the history of Georgia until the time when new essays were added to the original volume. One masterpiece of Georgian medieval literature is the romantic epic by Shota Rustaveli called "Knight in the Panther's Skin." Completed at the end of the 12th century, Rustaveli's poem is imbued with humanistic thoughts and feelings.

Georgia from the 1300 to 1800 AD

Following the invasion of Mongols in the middle of the 13th century AD, the Georgian Kingdom began to disintegrate, coming under the domination of the Mongols by 1240. Although King Giorgi V reunified the kingdom in the 14th century, his success was short-lived. During the subsequent century, the country suffered economic and political decline. In the end of the 14th century and in the beginning of the 15th centuries with ruthless violence, the Tatars of Tamerlane invaded Georgia eight times. In the 1460s the kingdom fractured into several states: the Kingdom of Kartli, the Kingdom of Imereti, Kingdom of Kakheti and the Principality of Samtskhe. In the 16th century Georgia became a battleground between the Ottoman and Safavid Empires. Prey to a succession of invaders at the turn of the

Gürcüstanın ən şöhrətli hökmdarı çarıça Tamara olmuşdur (1184-1213) və Gürcüstanda eramızın 12-13-cü əsrləri arasında olan müddət "Qızıl Dövr" kimi məlumdur. Ölkənin hərbi-siyasi gücü çoxsaylı iqtisadiyyata əsaslanırdı. Əsas ticarət və sənətkarlıq mərkəzləri Tbilisi də daxil olmaqla, şəhərlər idi və 13-cü əsrin başlanğıcında Tbilisidə təxminən 100,000 adam yaşayırdı. Məşhur Gelati və İkalto monastrları daxil olan təhsil mərkəzləri fəlsəfəni, astronomiyanı, riyaziyyatı, ritorika və musiqini tədris edən mərkəzlər yaratmışdı. 12-ci əsrdə tərtib olunmuş "Kartlis Tsxovreba" adlı gürcü tarixi oçerklər toplusunda eramızın 8-12-ci əsrlərində yaşamış müəlliflərin həyatı xroniki ardıcıllıqla təsvir edilmiş və orijinal həcmə təzə oçerklər əlavə olunan vaxta qədər Gürcüstan tarixini təsvir edən nüfuzlu bir topluya çevrilmişdir. Gürcüstanın orta əsrlər ədəbiyyatının bir şah əsəri Şota Rustavelinin "Pələng dərisi geymiş pəhləvan" adlı romantik epik əsəridir. Rustavelinin 12-ci əsrin sonunda tamamlanmış bu poeması bəşəri düşüncələr və hisslər ilə doludur.

Gürcüstan eramızın 1300-cü ilindən 1800-cü ilinə qədər

13-cü əsrin ortasında Monqol istilasından sonra Gürcüstan krallığı parçalanmağa başlamış və 1240-cı ilə qədər monqolların hökmranlığı altına düşmüşdür. Kral V Qreqorinin ölkəni 14-cü əsrdə yenidən birləşdirməsinə baxmayaraq, onun uğuru qısa müddətli olmuşdur. Sonrakı əsr ərzində ölkə iqtisadi və siyasi tənəzzülə məruz qalmışdır. 14-cü əsrin sonunda və 15-ci əsrin başlanğıcında Əmir Teymurun qoşunları Gürcüstanı amansızlıqla dəfələrlə qarət etmişdir. 1460-cı ildə ölkə bir neçə dövlətə parçalanmışdır: Kartli, İmereti, Kaxeti və Samtsxe çarlıqları. 16-cı əsrdə Gürcüstan Osmanlı və Səfəvi imperiyaları arasında döyüş meydanına çevrilmişdir. 17-ci əsrin astanasında işğalçıların bir-birini əvəz etməsi ilə əlaqədar Tbilisi şəhərinin əhalisi 10,000 nəfərdən çox olmayan bir həddədək azalmışdı. 17-ci əsrə qədər şərqi və qərbi Gürcüstan əsasən Osmanlı və Səfəvi imperiyaları

17th century, the population of Tbilisi fell to no more than 10,000 people. By the 17th century, both eastern and western Georgia had sunk into poverty as the result of the constant warfare, which mainly involved battles for supremacy between the Ottoman and Safavid Empires. Georgian culture likewise suffered in the 15th-17th centuries. Nevertheless, there were distinguished examples of wall paintings, miniatures, embroidery, literature, and scientific discovery. It was against this backdrop that Georgian kings sought an ally in Russia, which annexed the Georgian states in the 19th century.

Wine production and consumption have held an important place in Georgian culture and history for centuries. Written sources and archaeological material confirm that viticulture was an integral part of life during the Classical Period, at which time the god of the vine, Dionysus, was a popular focus of worship. The myth of Dionysus relates that he travelled to strange lands where he taught men the culture of wine. The excavations uncovered jars dating to the 6th millennium BC at Shulaveri in southeastern Georgia, with a residue of wine still present on their inner surfaces. These jars provide some of the earliest evidence of the consumption of wine in ancient societies. Grape pips dating from the 7th-5th millennia BC found at the same site also suggest the very early cultivation of vineyards in ancient Georgia.

The tradition of viniculture continued even during the continuing clashes of armies during this period in Georgia. Wineries were some of the most interesting archaeological sites of the Medieval Period to be excavated along the pipeline route in Georgia. In the vicinity of the village of Atskuri in Samtskhe, where viticulture historically has been a major activity, archaeologists excavated seven wine cellars dating from the 10th-16th centuries AD. Their construction and elements are similar to those found today in Georgian villages.

arasında hegemonluq üçün aparılan döyüşlərə səhnə olan fasiləsiz müharibələr nəticəsində yoxsulluğa düçar olmuşdu. Gürcü mədəniyyəti də 15-17-ci əsrlərdə eyni məhrumiyyətlərə məruz qalmışdı. Buna baxmayaraq, freskalar, miniatürlər, tikmə naxışlar, ədəbiyyat və elmi kəşflərin gözəl nümunələri var idi. Bunlar Gürcüstan krallarının 19-cu əsrdə Gürcü dövlətlərini ilhaq etmiş Rusiya illə müttəfiq olmağa çalışdıqları fikrinə zidd göstəricilərdir.

Şərab istehsalı və istehlakı gürcü ədəbiyyatı və tarixində əsrlərlə əhəmiyyətli yer tutmuşdur. Yazılı mənbələr və arxeoloji materiallar sübut edir ki, üzümçülük Klassik dövr ərzində həyatın əhəmiyyətli bir sahəsi hesab edilmiş və həmin vaxtlarda şərab allahı Dionis kultuna sitayiş Gürcüstanda geniş yayılmışdır. Dionis əfsanəsi göstərir ki, o, yad ölkələrə səfərlər etmiş və orada insanlara şərab mədəniyyətini öyrətmişdir. Arxeoloji qazıntılar nəticəsində cənub-şərqi Gürcüstanda Şulaveridə tarixi eramızdan əvvəl 6-cı minilliyə gedib çıxan küplər aşkar edilmiş və onların iç səthlərində şərab qalığı hələ də mövcud olmuşdur. Bu küplər qədim cəmiyyətlərdə şərabın istifadə olunması barədə bəzi ən qədim dəlillər təmin edir. Həmin sahədə aşkar edilən və eramızdan əvvəl 7-5-ci minilliyə aid olan üzüm çəyirdəkləri də qədim Gürcüstanda üzümdən çox erkən istifadə edildiyini döstərir.

Üzümçülük ənənəsi həttа Gürcüstanda bu dövrdə ordular arasında fasiləsiz toqquşmalar ərzində də davam etmişdir. Şərab zavodları Gürcüstanda boru kəməri marşrutu boyunca qazıntı işləri zamanı Orta Əsrlər dövründə şərab istehsalatını göstərən ən maraqlı arxeoloji sahələrdən bir neçəsi aşkar edilmişdir. Üzümçülüyün tarixən əsas fəaliyyət növü olduğu Samtsxi sahəsindəki Atskuri kəndi yaxınlığında arxeoloqlar qazıntı işləri aparan zaman bizim eranın 10-16-cı əsrlərinə aid yeddi şərab zirzəmisi aşkar etmişlər. Həmin zirzəmilərin quruluşu və tərkib hissələri bu gün gürcü kəndlərində olan zirzəmilərin quruluşuna və komponentlərinə oxşardır.

Turkey

Late Bronze Age to Iron Age (ca. 1500 – 400 BC)

Anatolia was known as the "Land of the Hatti" by the Akkadians as early as the third millennium BC, after the Bronze Age people who dominated the region. The Hittites, an Indo-European-speaking people, replace the Hattis as rulers of Anatolia early in the second millennium BC. The Hittites adopted cuneiform writing from Assyrian traders and assumed control of the trading colonies spread throughout Anatolia. At its height, the Hittite Kingdom extended to Syria and Upper Mesopotamia, with its capital at Hattusa.

By the second half of the 13th century BC, the Hittite Kingdom was in decline and being pressured economically and politically by its neighbors. It fought the Egyptians in the Levant under Ramses II, saw the Assyrians defeat its vassal state of Mittani in northern Syria, and faced incursions by the Sea Peoples (a confederacy of seafaring raiders). In 1180 BC the Kingdom collapsed and devolved into a number of neo-Hittite city states, including Tabal in southeast Anatolia and the Mushki Kingdom in Cappadocia (both now part of Turkey), Carchemish (on the frontier between Turkey and Syria), and Kammanu (in south-central Anatolia). The end of the Hittite Kingdom caused established political, military, economic, and social relations to change throughout eastern Anatolia, leading to the political and economic instability of the Early Iron Age.

An Early Iron Age Settlement at Büyükardıç Hill presented difficult conditions for settlers. Agriculture in this mountainous area was difficult due to the high altitude (2,050m), and long distance from the creek valley below. Yet within this context of a hilltop overlooking a key transportation corridor in northeastern Anatolia, a successful settlement appears to have flourished. This intriguing settlement yields insights into what was happening in this period of political unrest.

This grooved clay vessel uncovered at the Büyükardıç site contained iron residue and the two holes in its shoulder. The vessel, an artifact commonly found at Bronze and Iron Age sites in eastern Anatolia, was likely used for heating and creating metal objects.

Böyükardıc sahəsində aşkar edilmiş bu naxışlı gil qabın tərkibində dəmir qalıqları və qulpunda iki deşik olmuşdur. Şərqi Anadoluda adətən Tunc və Dəmir dövrü sahələrində maddi mədəniyyət qalığı kimi tapılan bu qab, yəqin ki, metal əşyaları qızdırmaq və hazırlamaq üçün istifadə olunmuşdur.

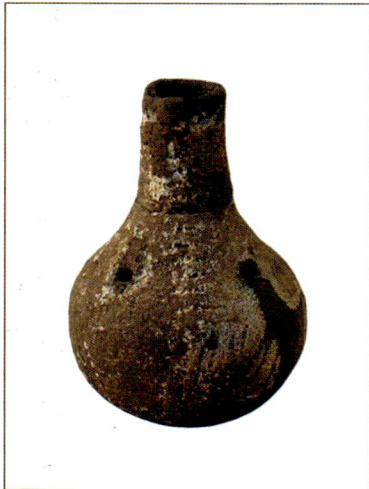

Türkiyə

Son Tunc dövründən Antik dövrə qədər (e. ə. təxminən 1500 – 400-cü illər)

Tunc dövründə regionda hökm sürmüş insanlarından sonra e. ə. Üçüncü minilliyin sonuncu əsrlərinədək Anadolu akkadların "Hattı torpağı" kimi tanınırdı. E. ə. ikinci minilliyin əvvəlində hattıların Anadoludakı hökmranlığını Hind-Avropa dilli hettey xalqları əvəz etmişdir. Hettlər gəldikdən sonra burada Assuriya tacirlərindən və Anadoluya yayılmış tacir ailələrindən mixi yazını qəbul etmiş və Anadolunun hər tərəfinə yayılmış ticarət koloniyalarına nəzarəti öz əllərinə götürmüşlər. Özünün yüksəliş dövründə Hettey krallığı Suriya və yuxarı Mesopotamiyaya qədər genişlənmiş və onun paytaxtı Hattusa olmuşdur.

E. ə. XIII əsrin ikinci yarısına qədər Hett krallığı öz qonşuları tərəfindən iqtisadi və siyasi təzyiqlərə məruz qalmış və tənəzzülə uğramışdır. Bu krallıq Levantda 2-ci Ramzesin rəhbərliyi altında misirlilərlə müharibə aparmış, şimali Suriyada assuriyalılar tərəfindən vassal Mittani dövlətinin məğlub edildiyini görmüş və Dəniz Xalqlarının (gəmilərlə quldurluq edənlərin konfederasiyası) basqınlarına məruz qalmışdır. E. ə. 1180-ci ildə Hett krallığı süqut etmiş və bir sıra neo-Hett şəhər dövlətlərinə çevrilmişlər. Onların arasında cənub-şərqi Anadoluda Tabal dövləti və Kapadokyada (Türkiyə) Müşki krallığı, Karxemiş (Türkiyə və Suriya arasındakı sərhəddə) və Kammanu (cənubi-mərkəzi Anadoluda) şəhərləri də olmuşdur. Hett krallığı şərqi Anadolunun hər tərəfində dəyişikliklərə gətirib çıxarmış və qurulmuş siyasi, hərbi, iqtisadi və sosial əlaqələr dəyişərək Erkən Dəmir dövrünün siyasi və iqtisadi sahələrdə qeyri-sabitliyinə səbəb olmuşdur.

Böyükardıc təpəsinin yaxınlığındakı Erkən Dəmir dövrünə aid yaşayış məskəni öz sakinlərini çətin vəziyyətə salmışdır. Dəniz səviyyəsindən çox yüksəkdə (2,050 m) yerləşməsi və aşağıdakı vadidən uzaqda olması ilə əlaqədar bu dağlıq sahədə kənd təsərrüfatı işləri ilə məşğul olmaq

These classical-era pieces are part of the collection of the Istanbul Archaeology Museum.

Bu klassik dövr nümunələri İstanbul Arxeologiya Muzeyinin kolleksiyasının bir hissəsidir.

These cave dwellings, built into "fairy chimneys" near Goreme in Cappadocia in central Turkey, appear to have been occupied in the Late Bronze Age, around the time of the Hittite Empire.

Mərkəzi Türkiyədə Kapadokyada Görəmə yaxınlığında "sehrli bacalar"ın içərisində tikilmiş bu mağara yaşayış yerlərində insanlar Son Tunc dövründə Hettey İmperiyasının vaxtında məskunlaşmışlar.

Colak Abdi Pasha, the bey of the then-Bayazit Province, constructed the Ishak Pasha Palace during the late 17th century AD. The location is now known at Agri Province, Turkey, not far from Mount Ararat (Ağrı Dağı).

O vaxtkı Bəyazit əyalətinin bəyi Çolak Abdi Paşa eramızın 17-ci əsrinin sonunda İshak Paşa sarayını inşa etdirmişdir. İndi bu yerin Türkiyənin Ağrı mahalında Ağrı dağının (Ararat dağının) yaxınlığında olduğu məlumdur.

The Library of Celsus at Ephesus, Turkey, was completed in 135 AD.

Türkiyədə Efesdə Sels kitabxanası eramızın 135-ci ilində tamamlanmışdır.

Even though this region was a great crossroads for trade and culture, in some historic periods those relationships declined very significantly, and there was a pronounced shift in focus to self-sufficiency in preference to trade. Büyükardıç Hill would have been strategically significant to any ambitious King because it was situated at the center of crucial east-west trading routes that extended from the Araxes and Karasu valleys of the Caucasus, connecting Persia to Eastern Anatolia. Passing through this territory, given its high altitude would have only been possible from spring to autumn, as snowpacks blocked winter travel.

As the forces holding the region together (primarily the power of the Hittite Empire) collapsed, as major trade and population centers were abandoned or ruined in warfare, and as the movement of goods and people became a perilous undertaking, self-sufficient settlements like Büyükardıç emerged in easily defended mountainous areas. Evidence of this change were uncovered in Büyükardıç: the discovery of a possible Early Iron Age metal working shop suggests that an attempt at a measure of self-sufficiency, and the ceramics found at the site appear to be mainly of local origin. The settlement's location on a hilltop and the discovery of several metal arrow points also suggest its occupants were very concerned with defense, even though the site itself was unfortified. Yet despite Büyükardıç's residents apparent desire for self-sufficiency, the turbulent political climate of the region forced smaller communities to occasionally form alliances in order to survive threats.

This *riton*, a metal wine vessel uncovered at the site of the Tasmasor Hill excavation in northeastern Turkey, depicts a camel, which highlights the trade connections between the Middle East and Central Asia.

Şimal-şərqi Türkiyədə Tasmasor Təpəsi sahəsində arxeoloji qazıntılar zamanı aşkar edilmiş bu ritonun (metal şərab qabı) üstündə bir dəvə təsviri var və bu da Yaxın Şərq və Orta Asiya arasında ticarət əlaqələrinin olduğundan xəbər verir.

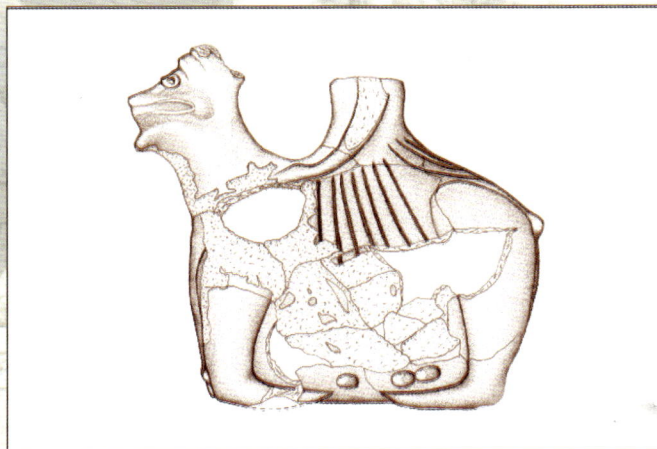

çətinlik yaratmışdır. Bununla belə, şimal-şərqi Anadoluda təpənin üstündə əsas nəqliyyat dəhlizinə baxan bir uğurlu yaşayış məskəninin çiçəkləndiyi görünür. Maraq doğuran bu yaşayış məskəni siyasi qarmaqarışıqlığın o dövründə nələr baş verdiyinin mahiyyətinə varmağa imkan yaradır. Hətta rayonun ticarət və mədəniyyət üçün böyük yol kəsişməsi olmasına baxmayaraq, bəzi tarixi dövrlərdə sözügedən əlaqələr çox zəifləmiş və əsas diqqət iqtisadi müstəqilliyə keçid üzərində cəmləşərək ticarətə üstünlük verilmişdir. Böyükardıç təpəsi o dövr üçün strateji baxımdan əhəmiyyətli ola bilərdi. Çünki bu təpə Qafqazın İranı Şərqi Anadolu ilə birləşdirən Araz və Qarasu vadilərindən uzanan ciddi şərq-qərb ticarət marşrutlarının mərkəzində yerləşirdi. Bu sahənin çox yüksəkdə yerləşdiyini nəzərə alsaq, onda bu sahədən keçib getmək yalnız yazdan payıza qədər mümkün olmuş və hündür qar örtüyü qış səfərinə mane olmuşdur. Regionu birlikdə saxlayan güclər (əsasən Hett imperiyasının gücü) çökdüyünə, başlıca ticarət və əhali mərkəzləri müharibələrdə tərk olunduğuna və ya məhv edildiyinə, malların və insanların hərəkəti təhlükəli və riskli bir işə çevrildiyinə görə, Böyükardıç kimi öz-özünü təmin edən yaşayış məskənləri dağlıq ərazilərdə yaranmışdı ki, asan müdafiə olunsun. Bu dəyişikliyə dair sübutlar Böyükardıçda aşkar edilmişdir: Erkən Dəmir dövrünə aid olması ehtimal edilən metal işləmə sexinin aşkara çıxarılması göstərir ki, iqtisadi müstəqilliyə can atılmışdır. Sahədə tapılmış saxsı məmulatların əsasən yerli mənşəli məmulatlar olduğu şübhə doğurmur. Yaşayış məskəninin təpənin üstündə yerləşməsi və oradan bir neçə metal nizə ucluqlarının aşkar edilməsi də göstərir ki, hətta sahənin özü müdafiə baxımından gücləndirilmiş olmasa da, oranın sakinlərini müdafiə məsələsi çox narahat etmişdir. Amma Böyükardıç sakinlərinin açıq-aşkar iqtisadi müstəqillik arzulamasına baxmayaraq, regionun burulğanlı siyasi mühiti daha kiçik icmaları təhlükələrə sinə gərmək üçün vaxtaşırı ittifaqlar yaratmağa vadar edirdi.

The abundance of coarse, handmade pottery without surface treatment found at Büyükardıç is typical of the Early Iron Age. However the 6,650 potsherds categorized into nineteen distinct ware groups uncovered at this site establishes the diverse range of stylistic and developmental attributes present onsite. Functionally, archaeologists have determined that some Büyükardıç potters used wheel-looms, while others were hand-made. In terms of design, Büyükardıç pottery displays red-slip, burnished, grooved, notched, incised, concentric circular impressions, rosette stamps, and painted decorations. Many of these features share commonalities with vessels found in Northwestern Iran, Georgia, Armenia, and Eastern Thrace. Thus providing further evidence that trade was prevalent at Büyükardıç.

Findings at Büyükardıç represent the transitional period from Late Bronze to Early Iron Age that occurred in Anatolia during the 12th century and was probably built soon after the collapse of the Hittite capital. Most Early Iron Age settlements of the region were fortified and resettled following the collapse. The site is unique in that respect because it was not resettled, and thus provides crucial material evidence that has not been disturbed as drastically as related sites that were resettled.

During the 6th and 5th centuries BC, the Persian Achaemenid Empire had spread outwards with increasing power from its capital at Susa. In the middle of the 1st millennium BC, the Empire came to include all of Anatolia and the southern Caucasus highlands. Sites excavated during the pipelines project at Tetikom and Tasmasor, situated along one of the ancient roads connecting central Anatolia with the highlands to the east and the Araxes River valley, have vastly enriched knowledge of the region under Achaemenid rule during the Late Iron Age.

Böyükardıcda tapılmış əldə düzəldilmiş səthi şirlənməmiş aşağı keyfiyyətli çoxlu saxsı qablar Erkən Dəmir dövrü üçün tipik qablardır. Buna baxmayaraq, sahədə aşkar olunmuş və on doqquz ayrıca məmulat qrupu kimi kateqoriyalaşdırılmış 6,650 saxsı qırığı sahədə mövcud üslub və inkişaf atributlarının diapazonunun rəngarəng olduğunu müəyyənləşdirir. Öz vəzifələrini yerinə yetirən arxeoloqlar müəyyənləşdirmişlər ki, bəzi Böyükardıc dulusçuları dulusçu dəzgahlarından istifadə etmiş, digərləri isə qabları əl ilə hazırlamışlar. Dizayna gəldikdə, qeyd etmək lazımdır ki, Böyükardıc saxsı məmulatlarında qırmızı haşiyələr, cilalanmış, kənarları əyilmiş, kəsilmiş, naxışlanmış, konsentrik girdə formalı, butalanmış və boya ilə bəzək çəkilmiş məmulatlar olmuşdur. Bu qabların çoxu şimal-qərbi İran, Gürcüstan, Ermənistan və Şərqi Frakiyada tapılmış qablarla oxşar xüsusiyyətlərə malikdir. Beləliklə, bu qablar Böyükardıcda ticarətin üstünlük təşkil etdiyinə dair əlavə dəlillər təmin edir.

Böyükardıcdakı arxeoloji tapıntılar eramızdan əvvəl 12-ci əsr ərzində Anadoluda Son Tunc dövründən Erkən Dəmir dövrünə qədər keçid dövrünü təmsil edir və güman ki, Hett imperiyasının mərkəzinin tənəzzülündən az sonra inşa olunmuşdur. Regionun Erkən Dəmir dövrü yaşayış məskənlərinin çoxu bu tənəzzüldən sonra gücləndirilmiş və yenidən məskunlaşdırılmışdır. Sahə o baxımdan nadir bir sahədir, çünki o, yenidən məskunlaşdırılmamış və həlledici zəruri sübut təmin edir.

İran Əhəməni imperiyası e. ə. VI və V əsrlər ərzində hüdudlarını genişləndirərək Suzdakı paytaxtından öz gücünü artırmışdır. Eramızdan əvvəl 1-ci minilliyin ortasında İmperiyaya bütün Anadolu və cənubi Qafqazın dağlıq əraziləri daxil olmuşdur. Mərkəzi Anadolunu şərqdə dağlıq ərazilər və Araz çayı vadisi ilə birləşdirən qədim yollardan birinin boyunca yerləşən Tetikom və Tasmasorda boru kəmərləri layihəsi ərzində aparılmış qazıntılar zamanı aşkar edilmiş sahələr Dəmir dövrünün sonunda Əhəməni hökmranlığı altında olan region haqqında biliyimizi çox zənginləşdirmişdir.

The front side of this coin, found at Minnetpinari (where remains of a church with a basilica design were uncovered), shows a lightly crowned and draped bust facing right. On the reverse side, a soldier with helmet and armor is standing with his head also facing right. He holds a lance in his right hand and a shield resting on the ground in his left hand.

Minnetpinaridə (bazilika dizaynlı bir kilsənin qalıqlarının aşkar olunduğu yer) tapılmış bu metal sikkənin ön tərəfində sağ tərəfə baxan azca qabarıq və irəli əyilmiş bir büst görünür. Arxa tərəfində isə başında dəbilqə və əynində zireh olan başını çevirib sağ tərəfə baxan bir əsgər var. O, sağ əlində nizə tutmuş və sol əlində olan qalxanı Yerə söykənmişdir.

The Hagia Sophia in Istanbul contains examples of the finest mosaic art, including this famous mosaic depicting Jesus Christ.

İstanbuldakı Aya Sofiya muzeyində İsa Məsih təsvir olunan bu məşhur mozaika əsəri daxil olmaqla müxtəlif mozaika əsərləri nümunələri vardır.

Perhaps the longest continuously inhabited site found during the archaeological excavations during this project was Tasmasor. Discovered at Tasmasor Hill, and located on the Erzurum Plain of Northeastern Turkey, Tasmasor was of great geopolitical importance as competing empires vied for dominance in the ancient world. The Erzurum and Pasinler Plains separated by the Kargapazari mountain range form a natural pass just south of Tasmasor connecting two important regions of Northeast Anatolia, as well as allowing access from Anatolia into the Caucasus and Iranian steppe. Control of this gateway, known as the Deveboynu pass, was crucial for east-west trade connections in Anatolia, and was one of the few passable routes available for Iron Age empires.

Guided by Assoc. Prof. S. Yücel Şenyurt, the excavation of Tasmasor Hill initially uncovered a medieval housing complex dating to the 12th century AD, which contained minimal material remains. In the midst of unearthing this structure, Şenyurt's team chanced upon two pit burials that displayed characteristics common to this region during the Iron Age. Soon after structural foundations made from river stones were found accompanying the previously discovered graves.

Unfortunately the original provenance of artifacts discovered at Tasmasor has been lost as the natural stratigraphy of this site was unsettled from continuous reoccupation. This hindered the ability for Şenyurt and his team to accurately cross-reference material found at Tasmasor with that of neighboring sites believed to share cultural characteristics.

Bu layihə ərzində aparılan arxeoloji qazıntılar zamanı aşkar edilmiş və insanların uzun müddət fasiləsiz məskunlaşdığı sahə yəqin ki, Tasmasor olmuşdur. Tasmasor təpəsinin yanında aşkar olunan şimal-şərqi Türkiyənin Ərzurum düzənliyində yerləşən Tasmasor qədim dünyada rəqib imperiyalar hegemonluq uğrunda mübarizə apardığına görə, böyük geosiyasi əhəmiyyət kəsb etmişdir. Qarğabazarı dağ silsiləsi ilə bir-birindən ayrılan Ərzurum və Pasinler düzləri Tasmasorun cənubunda təbii bir keçid təşkil edərək, şimal-şərqi Anadolunun iki əhəmiyyətli bölgəsini birləşdirir, o cümlədən Anadoludan Qafqaza və İran çöllərinə keçməyə imkan yaradır. Dəvəboynu keçidi kimi məlum olan bu keçidə nəzarət etmək Anadoluda şərq-qərb ticarət əlaqələri üçün mühüm əhəmiyyət kəsb edirdi və Dəmir dövrü imperiyaları üçün keçilə bilən mövcud az saylı marşrutların biri idi.

Professor köməkçisi S. Yücel Şenyurtun rəhbərliyi altında Tasmasor təpəsində aparılan qazıntı işləri zamanı əvvəlcə tarixi eramızın 12-ci əsrinə gedib çıxan orta əsrlərə aid bir yaşayış kompleksi aşkar edilmiş və orada az sayda maddi qalıqlar olmuşdur. Bu kompleksin üstünü örtmüş torpaq qatının götürülməsi prosesinin ortasında Şenyurtun qrupuna Dəmir dövrü ərzində bu region üçün ümumi xarakter daşıyan iki çala qəbir aşkar etmək müyəssər olmuşdur. Az sonra çay daşlarından inşa edilmiş tikili bünövrəsi aşkar edilmiş və əvvəlcə tapılmış qəbirlərə əlavə olunmuşdur.

Təəssüf ki, Tasmasorda aşkar edilmiş maddi mədəniyyət qalıqlarının ilk mənşəyi itmişdir, çünki bu sahənin təbii stratiqrafiyası fasiləsiz təkrar işğallar nəticəsində müəyyənləşdirilməmiş vəziyyətdə qalmışdır. Bu, Şenyurt və onun qrupunun Tasmasorda tapılmış material ilə ümumi mədəni xüsusiyyətlərinin olması şübhə doğurmayan qonşu sahələrdən tapılmış materiallara dəqiq, qarşılıqlı istinad etmək imkanını məhdudlaşdırmışdır.

These Byzantine coins found at Tasmasor Hill, located in the historically strategic Erzurum Plain of northeastern Turkey, were likely in circulation until 1070-1080 AD, when the Seljuk Empire assumed political authority of the region. The coins show Jesus Christ with a cross on his head and a nimbus of single-point ornaments on his arms, raising his right hand as if sanctifying, and holding the Bible in his left hand.

Şimal-şərqi Türkiyənin tarixi baxımından strateji Ərzurum Düzənliyində yerləşən Tasmasor təpəsində tapılmış bu Bizans sikkələri ehtimal ki, Səlcuq imperiyası regionda siyasi hakimiyyəti öz üzərinə götürən zaman eramızın 1070-1080-ci ilinə qədər dövriyyədə olmuşdur. Sikkələrin üstündə başında xaç olan İsa Məsihin təsviri və onun qollarında halə şəkilli bir xətli ornamentlər var və o, Bibliyanı sol əlində tutmuş və sağ əlini qaldıraraq sanki günahlardan təmizlənir.

The Hellenistic Greek, Roman, and Byzantine Periods (ca. 400 BC – 700 AD)

The Hellenistic period that began around the time of Alexander the Great greatly influenced the regions of Anatolia lying along the pipeline corridor. The Battle of Issus—the second of three great battles between the Alexander's Macedonian army and the Persian Achaemenids—was fought in 333 BC on a plain approximately 30 kilometers from Ceyhan, the terminus of the BTC pipeline. Emperor Darius III personally led the Persian forces at Issus. Although the Macedonians were heavily outnumbered and cut off from their supply lines, they crushed the Persians, forcing Darius to flee. He consolidated his army for the subsequent Battle of Gaugamela, where the Achaemenids experienced their final, crucial defeat.

Within a few years of these triumphs, Alexander was dead, and Macedonian General Seleucus established his own dynasty in the parts of Alexander's domain he then acquired. The Seleucid Empire lasted for several hundred years and established control over much of the South Caucasus and Eastern Anatolia. It proved to be a fascinating melting pot of leadership from the Macedonian and Greco-Mediterranean worlds, of indigenous cultures, and of political hierarchies inherited from the Achaemenids. The resulting Hellenistic culture combined elements from east (Persian/Achaemenid) and west (Greco/Mediterranean). It was expressed in new forms of art and architecture, an expanding pantheon of gods, and the spread of a culturally distinctive style in ceramics and other crafts. Powerful Mediterranean influences also spread throughout eastern Anatolia and the South Caucasus during the Hellenistic Period. Roman control of the region reinforced economic and social connections there.

Ellinizm, Yunan, Roma və Bizans dövrləri (e. ə. IV-cü əsrdən eramızın VII-ci əsrinə qədər)

Təxminən Makedoniyalı İsgəndərin vaxtında başlanmış Ellinizm dövrü Anadolunun boru kəməri dəhlizi boyunca yerləşən bölgələrinə ciddi təsir göstərmişdir. Makedoniyalı İsgəndərin ordusu və İran Əhəməni imperiyasının hərbi qüvvələri arasında üç məşhur döyüşün ikincisi olan İssus Döyüşü BTC boru kəmərinin başa çatdığı Ceyhandan təxminən 30 kilometr məsafədə yerləşən düzənlikdə e. ə. 333-cü ildə baş vermişdir. İssusda İran hərbi qüvvələrinə imperator III Dara şəxsən rəhbərlik etmişdir. Sayca düşmənlərdən çox az olmalarına və təchizat xətləri ilə əlaqələrinin kəsilməsinə baxmayaraq, makedoniyalılar iranlıları məğlub etmiş və Dara qaçıb canını qurtarmışdır. O öz ordusunu sonrakı Qavqamel döyüşü üçün gücləndirmiş, amma bu döyüşdə Əhəmənilər ağır məğlubiyyətə düçar olmuşdur.

Bununla belə, bu döyüş meydanlarında qazandığı qələbələrdən bir neçə il sonra İsgəndər ölmüş və makedoniyalı sərkərdə Selevki İsgəndərin hakimiyyəti altında olan və ölümündən sonra sərkərdənin himayəsinə verilən hissələrdə öz sülaləsini yaratmağa başlamışdır. Selevkilər imperatorluğu bir neçə yüz il davam etmiş, Cənubi Qafqaz və Şərqi Anadolu ərazilərinin çoxunu nəzarəti altında saxlamışdır. Bu dövrdə böyük bir məkanda İran və Yunan mədəniyyətləri qaynayıb-qarışmışdır, Şərq (İran/Əhəməni) və Qərb (Yunan/Aralıq dənizi) elementlərini özündə birləşdirən və Ellinizm dövrü mədəniyyəti adlandırılan yeni mədəniyyət incəsənətdə və arxeoloji abidələrdə, allahların genişlənən dəfn yerlərində və sənət sahələrində mədəniyyət baxımından fərqli xüsusiyyətlərin yayılmasında ifadə olunmuşdur. Ellinizm dövrü ərzində Aralıq dənizi rayonu şərqi Anadoluya və Cənubi Qafqaza güclü təsir göstərmişdir. Romanın regiona nəzarəti burada iqtisadi və sosial əlaqələri gücləndirmişdir.

Two Turkish sites researched during the pipelines project, Yuceoren and Ziyaretsuyu, represent the Hellenistic and the Roman Periods respectively. The necropolis of Yuceoren, located near the pipeline terminus at Ceyhan, contains numerous tombs cut into the bedrock, where portions of a sarcophagus and articles used to treat the dead were found. The settlement site of Ziyaretsuyu, near Sivas in northeastern Anatolia, contains the remains of a few domestic structures, painted ceramics and amphorae (large storage vessels), and a terracotta figurine that provides a fine example of classical traits. (Both sites are discussed in greater detail in the next chapter.)

During the 3rd century AD, the Roman Empire began to encounter a range of challenges that led to its decline. These challenges included economic decline, invasions by "barbarians," and a general decay of the social fabric that had been a major source of the Empire's appeal to its inhabitants. By the last decades of the century, the leadership in Rome was desperate for a way to maintain control of its sprawling Empire. To this end, Emperor Diocletian divided rule of the Empire's western and eastern parts between himself and a co-Emperor, Maximian. Less than a decade later, they added two additional, junior Emperors. These four rulers, the Tetrarchy, held court in different parts of the Empire.

After Diocletian's death in the early 4th century AD, years of conflict erupted as various aspirants vied to rule the Empire. By 312 AD, Constantine emerged as the most powerful, although the conflicts lasted until 324, when he gained complete authority over the Empire.

Türkiyədə boru kəmərləri layihəsi zamanı tədqiq olunmuş Yüceörən və Ziyarətsuyu adlı iki sahə müvafiq olaraq Ellinizm və Roma dövrlərini təmsil edir. Boru kəmərinin Ceyhanda başa çatdığı nöqtənin yaxınlığında yerləşən Yüceörən məzarlığında sal qayada kəsilmiş çoxlu məzarlar var, həmin məzarlarda sarkofaqların və ölülərin təmizlənməsində istifadə edilmiş əşyaların hissələri tapılmışdır. Şimal-şərqi Anadoluda Sivas yaxınlığında yerləşən Ziyarətsuyu yaşayış məskəni sahəsində bir neçə məişət əşyasının, rənglənmiş saxsı və amfora qabların və klassik xüsusiyyətlərə malik gözəl bir nümunə olan gil heykəlciyin qalıqları tapılmışdır. (Hər iki sahə növbəti fəsildə daha ətraflı müzakirə olunur).

Eramızın III əsri ərzində Roma imperiyası bir sıra problemlərlə üz-əşməyə başladı ki, bunlar onun tənəzzülünə gətirib çıxardı. Bu problemlərin sırasına iqtisadi tənəzzül, yadellilərin işğalları və İmperiyanın öz təbəələrinə münasibətinin əsas mənbəyi olmuş ictimai quruluşun ümumi tənəzzülü daxil olmuşdur. Eramızın III əsrinin sonuncu onillikləri ərzində Romada rəhbərlik dağılmaqda olar imperiyanın hər tərəfini nəzarətdə saxlamaq üçün bir yol tapmağa can atırdı. Bu məqsədlə imperator Diokletian imperiyanın qərb və şərq hissələrinə hökmranlığı özü ilə Maksimilian arasında bölüşdürmüşdü. On ildən az müddətdən sonra onlar hökmdarlığa özlərinə tabe olan iki əlavə gənc imperator da əlavə etmişdilər. Tetrarxiya təşkil edən bu dörd hökmdar imperiyanın müxtəlif hissələrində hakimlik edirdilər.

IV əsrin əvvəlincə Dioklentianın ölümündən sonra İmperiyada hakimiyyətə can atan müxtəlif namizədlər arasında illərlə uzanan münaqişlər

The excavation of this small room at the Roman-era bath site of Kayranlıkgözü revealed the heated floor system known as a hypocaust.

Kayranlıkgözündə Roma erasına aid hamam sahəsindəki bu kiçik otaqda aparılmış arxeoloji qazıntı nəticəsində hipokaust kimi məlum olan qızdırılan döşəmə sistemi aşkar edilmişdir.

Past and Future Heritage in the Pipelines Corridor

The Hagia Sophia was built in Constantinople under the direction of Emperor Justinian during the 6th century AD. It became a mosque after Ottoman Sultan Mehmet II conquered Constantinople. After serving for nearly 500 years as Istanbul's principal mosque, it was converted into a museum in 1935.

Aya Sofiya məbədi eramızın 6-cı əsri ərzində imperator Yustinianın rəhbərliyi altında Konstantinopolda inşa edilmişdir. Bu məbəd Osmanlı sultanı II Mehmet Konstantinopolu fəth etdikdən sonra məscidə çevrilmişdir. Təxminən 500 il ərzində İstanbulun əsas məscidi kimi xidmət göstərdikdən sonra bu məscid 1935-ci ildə muzeyə çevrilmişdir.

Constantine was one of the pivotal figures of the first millennium AD. A convert to Christianity, he eventually established the precedence of this religion within the Empire. He also moved the seat of his rule from Rome to Byzantium on the Bosphorus and renamed it Constantinople (now Istanbul), thus shifting the Empire's center of gravity to the eastern Mediterranean. Over time, the eastern part of the Roman Empire came to be known as the Byzantine Empire. During the 5th and 6th centuries AD, the eastern Empire grew in power and splendor, reaching its height during the 6th century AD under the reign of Emperor Justinian, who introduced the Justinian Code, attempted to reestablish his authority over the western parts of the Empire, and presided over great artistic achievements such as the construction of the Hagia (or Aya) Sophia (Church of the Holy Wisdom).

The Byzantine Empire dominated much of the eastern Mediterranean for several centuries, at its height controlling territory from Saudi Arabia to the Balkans, including all of Anatolia, and spreading the Christianity of the Byzantine Orthodox Church throughout the region.

This partially broken cigarette holder, discovered at Akmezer, Turkey, is made from meerschaum, a soft white mineral.

Türkiyədə Ağməzar yaşayış məskənində aşkar edilmiş bu qismən sınmış müştük yumşaq ağ mineral sepiolitdən düzəldilmişdir.

0   1   2 cm.

baş vermişdir. Eramızın 312-ci ilində Konstantinin özünü bir-biri ilə mübarizə aparan tərəflərin ən güclüsü elan etməsinə baxmayaraq, əlavə münaqişələr 324-cü ilədək - Konstantin imperiyaya rəhbərliyi son olaraq tam əlinə alana qədər davam etmişdir.

Konstantin eramızın birinci minilliyinin tanınmış şəxsiyyətlərindən biri olmuşdur. Xristianlığa qayıdışla o, heç şübhəsiz ki, imperiya daxilində bu dinin üstünlüyünü müəyyənləşdirmişdir. Eyni zamanda, o özünün taxt-tacını Romadan Bosfor boğazındakı Bizansa köçürmüş və onu Konstantinopol (indiki İstanbul) adlandırmış, bununla da, imperiyanın mərkəzini şərqi Aralıq dənizi sahilinə keçirmişdir. Zaman keçdikcə Roma imperiyasının şərq hissəsi Bizans imperiyası kimi tanınmağa başlamışdır. İmperiyanın şərq hissəsinin gücü və şöhrəti eramızın V və VI əsrləri ərzində artaraq, VI əsrdə imperator Yustinianın hökmranlığı altında ən yüksək səviyyəyə çatmışdır. O, "Yustinian Məcəlləsi"ni tətbiq etmiş, imperiyanın qərb hissələri üzərində öz hakimiyyətini yenidən bərpa etməyə çalışmış və Aya Sofyanın (Aya Sofya məbədi) tikintisi kimi böyük sənətkarlıq nailiyyətinin qazanılmasına rəhbərlik etmişdir.

Bizans imperiyası bir neçə əsr ərzində şərqi Aralıq dənizinin çox hissəsində ağalıq etmiş və özünün yüksəliş illərində Səudiyyə Ərəbistanından bütün Anadolunu əhatə edən Balkanlara qədər ucsuz-bucaqsız bir ərazini nəzarət altında saxlamış, Bizans pravoslav kilsəsi xristianlığını regionun hər tərəfinə yaymışdır. Bununla belə, bu imperiya son nəticədə əvvəlcə ərəblərin, sonralar isə türklərin hücumları nəticəsində torpaqlarını itirmişdir. Eramızın VII əsrində Ərəbistandan yürüşə başlayan İslam orduları bir neçə il ərzində Levantı, Mesopotamiyanı və Misiri tutmuşdur. VII əsrin sonuna qədər Bizans imperiyası və ərəb dünyası arasında sərhəd yaradılmış, XI əsrin ortalarına qədər davam etmiş bu sərhəd Ceyhanın qərbindən başlayıb, şərqi Anadolu ərazisindən keçərək Azərbaycanın qərbindəki dağlıq ərazilərə qədər uzanmışdır. VIII əsrə qədər Abbasilər Xilafəti Bağdadda qüdrətli bir paytaxt yaratmış və oradan müsəlman dünyasına rəhbərlik etmişdir.

Eventually, however, the Empire lost ground, first to the incursions of the Arabs and later the Turks. Islamic armies poured out of Arabia in the 7th century AD, capturing the Levant, Mesopotamia, and Egypt within a few years. By late in the century, a boundary between the Byzantine Empire and Arab world was established that lasted well into the 11th century AD, running from west of Ceyhan through eastern Anatolia to the highlands west of Azerbaijan. By the 8th century AD, the Abbasid Caliphate had established a powerful capital at Baghdad, from which it led the Muslim world.

Archaeological excavations along the pipeline corridor provided several glimpses into the world of eastern Anatolia during the Byzantine Empire. Most of the sites are domestic in nature—simple villages and communities of ordinary people who probably went about their daily lives knowing little about the Byzantine Empire or the Emperor in Constantinople. Two sites however at Kayranlikgözü (a public bath complex) and Minnetpinari, provide glimpses of the more public side of the Empire.

One of the more fascinating sites along the pipeline corridor is the Roman period bath complex located at Kayranlıkgözü of Turkey's Andırın district. Tucked in between the Kayranlık mountain range on one side and 12th century AD Geben Castle on the other, this complex likely dates from the 2nd to 5th centuries AD doesn't appear to have many structural relatives. Two notable exceptions exist in the archaeological record from this period however, one in Greece and the other in Istanbul. Yet despite similar architectural elements with other contemporary sites in Italy, Greece, North Africa, Europe and Anatolia, Kayranlıkgözü's design and construction appears to be unique with respect to baths constructed in Roman-controlled areas. This raises some interesting questions regarding the nature of Roman rule, especially surrounding the apparent allowance for local influences in architecture at sites such as Kayranlıkgözü. Furthermore, how did aspects of local customs and transregional trade interact?

Boru kəməri dəhlizi boyunca aparılmış arxeoloji qazıntılar Bizans imperiyası dövründə şərqi Anadolu dünyasına müəyyən qədər işıq salmışdır. Bu sahələrin əksəriyyəti məişət xarakterli sahələr olaraq, yəqin ki, Bizans imperiyası və ya Konstantinopoldakı imperator haqqında çox kiçik bilgiyə məlik olan və özlərinin gündəlik həyatlarını yaşayan sadə kəndlər və adi insan icmalarından ibarət olmuşdur. Bununla belə, Minnetpinaridəki (Roma üslublu kilsənin qalıqları) və Kayranlıkgözüdəki (ictimai hamam kompleksi) iki sahə imperiyanın ictimai tərəfinə daha çox işıq salır.

Boru kəməri dəhlizi boyunca daha çox maraq doğuran sahələrdən biri Türkiyənin Andirin rayonunda Kayranlıkgözü sahəsində yerləşən Roma dövrünə aid hamam kompleksidir. Bir tərəfdən Kayranlık dağ silsiləsi və digər tərəfdən eramızın 12-ci əsrinə aid Geben Qalası arasında yerləşən bu kompleksin tarixi 2-5-ci əsrlərə gedib çıxır və onun quruluşuna bənzəyən çoxlu tikililər yoxdur. Amma bu dövrə aid qeydə alınmış arxeoloji abidələrin arasında diqqəti cəlb edən iki istisna mövcuddur və bunlardan biri Yunanıstanda, digəri isə İstanbuldadır. İtaliya, Yunanıstan, Şimali Afrika, Avropa və Anadoluda digər müasir sahələrlə oxşar memarlıq elementlərinə malik olmasına baxmayaraq, Romalıların nəzarətində olan sahələrdə inşa edilmiş hamamlarla müqayisədə Karayanlıkgözü hamam kompleksinin dizaynı və quruluşunun nadir olduğu görünür. Bu isə Roma hökmranlığının xarakteri, ələlxüsus da, Kayranlıkgözü kimi sahələrdə memarlığa yerli təsirlərə icazə verilməsi ilə əlaqədar bir neçə maraqlı suallar yaradır. Bundan başqa, yerli adətlər və transregional ticarət aspektləri bir-birinə necə qarşılıqlı təsir göstərmişlər?

Hamam sahələrində adi hal olduğuna görə, Kayranlıkgözü sahəsində də dəqiq arxeoloji təhlil üçün yetərli maddi qalıqlar olmamışdır. Əksər hallarda hamam komplekslərində maddi qalıqlar aşkar edilmir, amma Kayranlıkgözü hamam kompleksində iki metal sikkə aşkar edilmişdir.

As is common at bath sites, Kayranlıkgözü lacked substantial material remains necessary for a concise archaeological analysis. Oftentimes bath complexes will not uncover material remnants, however in the case of Kayranlıkgözü two coins were discovered. Inscriptions observed on these coins suggest that the initial construction of this complex dates to the early 4th century AD. Additionally further metal and glass finds corroborate this estimate.

Minnetpinari, a Roman Period church located near the Turkish village of Başdoğan, provides some evidence of religious practice in Eastern Anatolia. Only the western portion of the basilica church was excavated, yet the church appears to have been built in three distinct phases. Initially the church was constructed atop a three nave floor plan. The ceiling, supported by large cylindrical pillars, magnificently displayed connecting archways around the church. A second, lesser phase of construction elevated the basement up to the same level as the main church floor. Finally a small chapel was attached to the southern nave to complete the church renovations.

The excavations at Minnetpinari uncovered a total of 65 tomb burials. The majority of these burials contained adult males, and with the exception of two graves, no artifacts were found in Minnetpinari's tombs. Most tombs had a very distinctive arrangement, where two or more small stones were situated around the head of the deceased. Gender and Age also factored into the position of the body. Skeletons laying on their backs was ubiquitous to all of the honored dead, however the hands of male skeletons were crossed at their waist with their hands cupping their elbows. Conversely, female skeletons crossed their hands on top of their chests. Children were positioned with their right hand on their chest with the left hand supporting the right hand's elbow. The elderly also had their own style as their left hand held the right hand close to the shoulder and right hand supports the left hand's elbow (pudicita type). These distinctive burial positions were quite common in Christian communities not exclusive to Eastern Anatolia.

Bu metal sikkələrdə müşahidə olunan yazılar göstərir ki, bu kompleksin ilkin tikintisi eramızın 4-cü əsrinin əvvəlində aparılmışdır. Bundan başqa, əlavə metal və şüşə tapıntılar da bu ehtimalı təsdiq edir.

Başdoğan adlı türk kəndinin yaxınlığında yerləşən Roma dövrünə aid Minnetpinari kilsəsi şərqi Anadoluda dini adətlər barəsində müəyyən məlumatlar verir. Bazilika dizaynlı kilsənin yalnız qərb hissəsində arxeoloji qazıntı işləri aparılmışdır və kilsənin üç ayrıca mərhələdə tikilmiş olduğu görünür. Əvvəlcə kilsə üç nefin (əsas mərtəbənin) yuxarısında inşa edilmişdir. Böyük silindrik sütunların saxladığı tavan kilsənin ətrafında birləşən tağları çox gözəl göstərmişdir. Kilsənin tikintisinin daha az çəkmiş ikinci mərhələsində zirzəmi kilsənin əsas mərtəbəsi ilə eyni səviyyəyədək qaldırılmışdır. Nəhayət, kilsənin modernləşdirilməsinin tamamlanması üçün kiçik bir ibadət zalı cənub tərəfdəki nefə birləşdirilmişdir.

Minnetpinaridə aparılmış arxeoloji qazıntılar zamanı ümumilikdə 65 qəbir aşkar edilmişdir. İki qəbir istisna edilməklə, bu qəbirlərin çoxu yaşlı insanlara məxsus olmuş və Minnetpinarıdəki məzarlarda maddi mədəniyyət qalıqları aşkar edilməmişdir. Qəbirlərin əksəriyyəti çox fərqli quruluşa malik olmuş və mərhumun başının ətrafına iki və ya daha çox kiçik daş yerləşdirilmişdir. Eyni zamanda, cəsədin hansı vəziyyətdə yerləşdirilməsi üçün cins və yaş faktorları da nəzərə alınmışdır. Ehtiram göstərilən mərhumların hamısının skeletlərinin arxası üstündə uzanmış olması hər yerdə diqqəti cəlb etmişdir. Amma kişi skeletlərinin əlləri onların qurşaq hissəsində bir-birinə keçirilərək dirsəklərindən tutmuşdur. Qadın skeletlərinin əlləri isə sinələrində çarpazlaşmışdır. Uşaqların sağ əli sinəsinə qoyulmuş və sol əli ilə sağ əlinin dirsəyindən tutmuş vəziyyətdə olmuşdur. Vəfat etmiş yaşlı insanlar da özlərinə məxsus tərzdə dəfn olunmuşlar, çünki onların sol əli sağ əlini çiyninin yaxınlığında tutmuş və sağ əli isə sol əlinin dirsəyinə dəstək vermişdir (müdriklik əlaməti). Bu fərqli dəfn vəziyyətləri Şərqi Anadoluya yayılmış xristian icmaları üçün tamamilə adi bir hal olmuşdur.

Numismatic material found at Minnetepinari has helped to piece together the political history and trade networks of Eastern Anatolia at this time. In Anatolia during the Early Medieval Period, local kings and rulers habitually reissued new coins in their own honor during both their political inauguration and sometimes throughout their reign. Minnetepinari is an interesting site in that it contains coins from multiple empires and time periods. Of the 46 total coins found at the site, 28 belonged to the 13th century Kilikia Kingdom, 4 to the later Islamic period and 4 to the Christian Roman Empire (contemporary to the occupation of the church). All point to the longevity of Minnetepinari and the diverse political climate of Anatolia through time.

The Turkish World after 700 AD

In the early 12th century AD, the Seljuk Turks began their incursions into central Anatolia. Turkic peoples had come from Central Asia, where they were the dominant cultural group by the 6th century AD. By the mid-7th century AD, the Göktürks (a nomadic confederation of Turks) built an empire that included the South Caucasus, but dynastic infighting led to its collapse. The Seljuks, a clan within the nomadic Oghuz peoples of the Aral steppes, established a dynasty that came to dominate the tribes that had moved into the Abbasid Caliphate during the 9th and 10th centuries AD. At first employed by the Caliphate as slaves and soldiers, the Seljuks gradually assumed greater authority as they adopted Islam, which they injected with new energy. By the 11th century AD, the Seljuks had wrested control of Mesopotamia and eastern Anatolia from the Caliphate and advanced to Persia, before turning their attention to the Byzantine Empire to the west.

Minnetpinari sahəsində tapılmış numizmatik material həmin dövrdə Şərqi Anadoluda siyasi tarix və ticarət şəbəkələrinin mahiyyətinin başa düşülməsinə kömək etmişdir. İlkin Orta Əsrlər ərzində Anadoluda yerli krallar və hökmdarlar adətən həm özlərinin taxt-taca sahib olmalarının təntənəli siyasi açılış mərasimləri üçün həm də bəzən hökmranlıq etdikləri müddət ərzində yenidən təzə metal sikkələr kəsdirirdilər. Minnetpinari o cəhətdən maraqlı bir sahədir ki, orada çoxsaylı imperiyalara və müxtəlif vaxtlara aid sikkələr var. Sahədə tapılmış 46 metal sikkənin 28-i 13-cü əsr Kilikiya çarlığına, 4-ü sonrakı İslam dövrünə və 4-ü isə Xristian Roma İmperiyasına (kilsənin müasiri) aid olmuşdur. Bu sikkələrin hamısı Minnetpinarinin uzunömürlü bir sahə olmasından və həmin müddət ərzində Anadoluda müxtəlif siyasi mühitin mövcudluğundan xəbər verir.

Türk dünyası eramızın 700-cü ilindən sonra

XII əsrin əvvəlində Səlcuq türkləri mərkəzi Anadoluya hücumlar etməyə başlamışlar. Türk xalqları eramızın 6-cı əsrinə qədər hegemon mədəni qrup oldıqları Mərkəzi Asiyadan gəlmişdilər.

VII əsrin ortasına qədər Göytürklərin köçəri konfederasiyası bir imperiya yaratmışdır, amma tərkibinə Cənubi Qafqazın da daxil olduğu bu imperiya sülalələr arasında davam edən daxili çəkişmələr nəticəsində dağılmışdır. Aral çöllərindəki köçəri oğuz xalqları daxilində bir tayfa olan Səlcuqlar sülalə yaratmış və bu sülalə IX və X əsrlər ərzində Abbasilər Xilafətinə köçmüş tayfalara hökmdarlıq etmişdir. Əvvəlcə Xilafət tərəfindən qul və döyüşçülər kimi işlədilən Səlcuqlar İslam dinini qəbul etdiklərinə görə tədricən daha çox səlahiyyət əldə etmiş və bundan yeni bir enerji ilə yararlanmışlar. XI əsrə qədər Səlcuqlar Xilafətdən Mesopotamiya və şərqi Anadoluya nəzarət etmək hüququ almış və öz diqqətlərini Bizans imperiyasına yönəltməmişdən öncə qərb istiqamətində irəliləmişlər.

In 1071, at the Battle of Malazgirt, the Seljuks, led by Alp Arslan, defeated a Byzantine army in eastern Anatolia and captured the Emperor, Romanos IV Diogenes. (Although freed soon thereafter, he was deposed.) Within a few decades, the Seljuks had driven the Byzantine forces to the Sea of Marmara, and exerted Turkic dominance across much of Anatolia.

The Seljuk Empire had an important historical role in the dissemination of the Islamic faith and in its defense against anti-Islamic crusaders from Europe. It lost its dominance over Anatolia, although it remained a force in Mesopotamia and Anatolia until its final collapse under pressure from the Mongols in 1243. The Seljuk Sultanate of Rûm, a fragment of the dismembered empire, controlled a large part of central and eastern Anatolia as far as Lake Van until the end of the 13th century—in its latter years, as a vassal state to the Mongol Empire. The Sultanate, which ruled for over 200 years, helped to establish the Turkish character of the region, and created a system of han or caravanserai (roadside commercial buildings along trade routes) that fostered commerce from central Asia to the Mediterranean.

For 350 years, the Byzantines managed to fight off the Seljuk Turks. By the 14th century AD, however, a new force among the Seljuks' successors had emerged, marking the beginning of a new era. Anatolian beyliks (Turkic states ruled by beys) gained power as the Sultanate of Rûm declined. One of the beyliks, led by Osman I of the Osmanoğlu, spread its power across western Anatolia, forming the basis for the Ottoman Empire. During the 14th century, Osman's descendants gained greater control of Anatolia. After their victory against the Byzantines at the Battle of Adrianople in 1365, they moved their capital to Adrianople in what is now the European part of Turkey. This defeat isolated Constantinople from the rest of Europe and positioned the Ottomans to move against Greece and the Balkans.

1071-ci ildə Malazgirt döyüşündə Alp Arslanın başçılıq etdiyi Səlcuqlar şərqi Anadoluda Bizans ordusunu məğlub etmiş və imperator 4-cü Romanos Diogeni əsir götürmüşlər. (Bundan bir qədər sonra azad olunmasına baxmayaraq, 4-cü Romanos taxtdan salınmışdır). Bir neçə on il ərzində Səlcuqlar Bizans qüvvələrini Mərmərə dənizinədək qovub uzaqlaşdırmış və Anadolunun çox hissəsində türk dominantlığı yaratmışdılar.

Səlcuq imperiyası islam dininin yayılmasında və Avropa dövlətlərinin təşkil etdikləri qarətçi xaç yürüşlərinin qarşısını alınmasında mühüm tarixi xidmət göstərmişdir, imperiya 1243-cü ildə monqolların təzyiqi altında son olaraq çökənə qədər Mesopotamiya və Anadoluda bir qüvvə kimi qaldı. Parçalanmış imperiyanın bir hissəsi olan Rum Səlcuq sultanlığı öz mövcudluğunun son illərinə - XIII əsrin sonuna qədər Monqol imperiyasının vassal dövləti kimi mərkəzi və şərqi Anadolunun Van gölünə qədər uzanan çox hissəsinə nəzarət etmişdir. 200 ildən çox hökmranlıq etmiş Sultanlıq regionun türk xarakterinin formalaşması üçün çox iş görmüş və Orta Asiyadan Aralıq dənizinə qədər ticarəti stimullaşdıran xan və ya karvansaray sistemi (ticarət marşrutları boyunca yolkənarı ticarət binaları) yaratmışdır.

350 il ərzində Bizanslılar Səlcuq Türklərinin hücumlarının qarşısını ala bilmişlər. Bununla belə, eramızın XIV əsrinə qədər Səlcuqların varisləri arasında yeni bir dövrün başlanğıcından xəbər verən yeni bir qüvvə yaranmışdı. Rum Sultanlığı zəiflədiyinə görə, Anadolu bəylikləri (bəylər tərəfindən idarə olunan türk dövlətləri) güclənmişdir. Osmanoğlu I Osman tərəfindən rəhbərlik edilən bir bəylik öz hakimiyyətini qərbi Anadolu ərazisinə yayaraq Osmanlı imperiyasının əsasını qoymuşdur. XIV əsr ərzində Osmanın xələfləri Anadolu üzərində daha çox nəzarətə nail olmuşlar. 1365-ci ildə Andrianopol döyüşündə bizanslılar üzərində qələbə çaldıqdan sonra osmanlılar öz paytaxtını hazırda Türkiyənin Avropa hissəsi olan Adrianopola köçürmüşlər.

Within two decades, the Ottomans took control over much of the southern Balkans. This Ottoman expansion was halted in 1402, following defeat at the hands of the Mongol warlord Tamerlane at the Battle of Ankara, and for a time, the Ottomans were vassals of the Mongols.

The expansion of the Ottoman Empire resumed under the Sultans Mehmet I, Murad II, and Mehmet II. It was under Mehmet II, known as the Conqueror that Constantinople finally fell to the Ottomans in 1453 AD, bringing the Byzantine Empire to a close. Mehmet II continued the expansion into the Balkans. At the time of his death in 1481, the Ottomans had an army in Italy marching on Rome. Under Selim I and Suleiman I (known as the Magnificent), the Empire came to include much of the Middle East and the Levant, Egypt, and North Africa. In 1529, Suleiman pushed westward and laid siege to Vienna. Although Vienna's defenders held out against the Ottomans, the attack underscored the threat that a powerful Ottoman Empire posed to Europe, a threat that lasted for three more centuries, as the rising powers of the West faced off against the Ottomans in numerous battles from Gibraltar to the Black Sea. The result is the patchwork of numerous Christian and Islamic communities that co-exist in the region today. The Ottomans were dominant over a vast area and continued to control much of the Mediterranean region until World War I. Today Turkic peoples can be found from Anatolia through central Asia to western China. In Anatolia, Turkish society combined elements of the classical and Byzantine worlds with eastern cultural influences.

Two archaeological sites found along the pipelines corridor in Turkey relate to the Ottoman Period. Cilhoroz and Akmezar are located near Erzincan in northeastern Anatolia, not far from the great trade routes that passed through Erzurum. Both sites date from the final years of Byzantine control of the region and illustrate the simple, rural side of Anatolian life during the Middle Ages.

Bu, Konstantinopolu Avropanın qalan hissəsindən təcrid etmiş Yunanıstan və Balkanlar əleyhinə hərəkətə keçmək üçün osmanlıları lazımi mövqeyə çıxarmışdır. İki onillik ərzində osmanlılar cənubi Balkanların çox hissəsinə nəzarət etmişlər. Bununla belə, Ankara döyüşündə Monqol sərkərdəsi Əmir Teymura məğlub olduqdan sonra 1402-ci ildə Osmanlıların qarşısı alınmış və onlar bir müddət Əmir Teymurun vassalına çevrilmişlər.

Osmanlı imperiyasının genişlənməsi Sultanlar 1-ci Mehmet, 2-ci Murad və 2-ci Mehmetin rəhbərliyi altında başlanmışdır. Fateh kimi tanınan 2-ci Mehmetin rəhbərliyi altında eramızın 1453-cü ilində Konstantinopol Osmanlıların əlinə keçmiş və Bizans imperiyasının varlığına son qoyulmuşdur. 2-ci Mehmet imperiyanın Balkanlara doğru genişlənməsini davam etdirmişdir. 1481-ci ildə 2-ci Mehmet vəfat etdiyi zaman Osmanlıların İtaliyadan Romaya yürüş edən ordusu var idi. 1-ci Səlimin və 1-ci Süleymanın (Möhtəşəm kimi tanınan) rəhbərliyi altında imperiyaya Yaxın Şərqin çox hissəsi, Levant, Misir və Şimali Afrika daxil edilmişdi. 1529-cu ildə Süleyman qərb istiqamətində hərəkət etmiş və Vyananı mühasirəyə almışdır. Vyananın müdafiəçilərinin Osmanlılara müqavimət göstərməsinə baxmayaraq, bu hücum qüdrətli Osmanlı imperiyasının Avropa üçün törətdiyi təhlükəni üzə çıxarmışdır. O təhlükə ki, daha üç əsr ərzində davam etmiş və qərbin artan gücləri Cəbəllütariqdən Qara dənizə qədər Osmanlılar əleyhinə aparılan çoxlu döyüşlərdə bu təhlükə ilə üz-üzə qalmışlar. Nəticə isə ondan ibarət olmuşdur ki, hazırda saysız-hesabsız xristian və islam icmaları regionda yanaşı yaşayırlar. Osmanlılar nəhəng bir ərazidə hökmran olmuş və 1-ci dünya müharibəsinə qədər Aralıq dənizi bölgəsinin çox hissəsini nəzarətdə saxlamaqda davam etmişdir. Bu gün türk xalqlarına Anadoludan tutmuş Orta Asiya və qərbi Çinə qədər hər yerdə rast gəlmək mümkündür. Anadoluda türk cəmiyyəti özündə klassik və Bizans dünyalarının elementlərini şərq mədəniyyətlərinin təsirləri ilə birləşdirmişdir.

The fertile lands of the Erzincan-Çayırlı region, where the Akmezar settlement was located, were well suited for irrigation and also on transportation routes. Ceramics dating from the 11th to the 14th centuries AD, found at Akmezar, displayed a limited number of sgraffito glazed and other decoration techniques. A large number of practical containers typically used for storage and transportation were present, indicating a settlement of modest size and regional influence. Both the Erzincan and Çayırlı regions during the 11th though 14th centuries were densely populated, yet seem to have had a highly mobile population. Many of the structures uncovered in this area were crudely built and could be abandoned easily. Ram sculptures were also found at Akmezar, Başköy and other villages.

Türkiyədə boru kəməri dəhlizi boyunca aşkar edilmiş iki arxeoloji sahə Osmanlı dövrü ilə bağlıdır. Çilxoruz və Ağməzar sahələri şimal-şərqi Anadoluda Ərzurumdan keçən böyük ticarət marşrutlarından o qədər də uzaq olmayan Ərzincan yaxınlığında yerləşir. Hər iki sahənin tarixi regiona Bizans nəzarətinin son illərinə gedib çıxır və orta əsrlər ərzində Anadolu həyatının sadə kənd tərəfini işıqlandırır.

Ağməzar yaşayış məskəninin yerləşdiyi Ərzincan-Çayırlı regionunun məhsuldar torpaqları irriqasiya üçün əlverişli sahədə və nəqliyyat marşrutları yaxınlığında yerləşirdi. Ağməzar yaşayış məskənində tapılan və tarixi eramızın 11-ci əsrindən 14-cü əsrinə qədər gedib çıxan saxsı qablar məhdud sayda sqraffito (saxsının üstündə çəkilən şəkil) üsulu ilə şirlənmiş, digərləri isə naxışlanmış qablar olmuşdur. Orada adətən müəyyən məhsulların saxlanması və daşınması üçün istifadə olunan çoxlu sayda anbarlar mövcud olmuşdur ki, bu, yaşayış məskəninin orta ölçülü və regional təsirə malik olduğunu göstərmişdir. Ərzincan və Çayırlı rayonları 11-ci əsrdən 14-cü əsrə qədər olan müddət ərzində sıx məskunlaşmış olsa da, onların əhalisinin yüksək dərəcədə çevik olduğu görünür. Bu sahədə aşkar edilmiş tikililərin çoxu çiy kərpicdən inşa edilmiş və asanlıqla tərk oluna bilən tikililər olmuşdur. Eyni zamanda, Ağməzar, Başköy və digər kəndlərdə qoç heykəlləri də tapılmışdır.

1 It should be noted that the dates assigned here to archaeological periods vary for each country, reflecting each country's historical context. In light of national historiographic traditions, and out of respect for the works of the many historians from whom this volume drew, the authors of the present work decided to cite and retain some alternative or divergent perspectives on the past, as applied to specific regions. Further, given some of the methodological challenges of archaeology, this diversity of views can contribute to understanding of events and places about which active research on archeological finds, documents, inscriptions, and literary records continues.

2 This section on "Azerbaijan" is authored solely by candidate of history science Najaf Museyibli.

3 М.М.Гусейнов. Ранние стадии заселения человека в пещере Азых. Ученые записки Аз.Гос.Универ., сер. истории и философии, № 4. Баку,1979; М.М.Гусейнов. Древний палеолит Азербайджана. Баку, 1985; Mənsur Mənsurov. Qafqazda ilk paleolit abidələri. Azərbaycan arxeologiyası və etnoqrafiyası jurnalı. № 2, 2003; Мансуров М. Палеолит Азербайджана. Международная научная конференция «Археология и этнология Кавказа», Тбилиси, 2002; С.С.Велиев, М.М.Мансуров. К вопросу о возрасте древнейших слоев Азыхской пещерной стоянки. Доклады Академии Наук Азербайджана, 1999, № 3-4).

4 Р.М. Касимова. Первые палеоаптропологические находки в Кобыстане Журн. «Вопросы антропологии» вып 46. Москва – 1974).

5 О.Эфендиев. Азербайджанское государство Сефевидов в начале XVI века, Баку, 1981.

6 The writing of the Georgian language has progressed through three distinct forms; Asomtavruli, Nuskhuri, and Mkhedruli. At times these graphic forms were used together and shared some of the same letters. The most recent alphabet, Mkhedruli, contains more letters than the two earlier versions, although those extra letters are no longer needed for writing modern Georgian.

7 The Bagrationi Dynasty ruled Georgia until the 19th century AD, when the Russian Empire annexed Georgia.

1 Qeyd etmək lazımdır ki, burada arxeoloji dövrlərə aid edilmiş müddətlər hər ölkəyə görə dəyişir və hər bir ölkənin tarixi kontekstini əks etdirir. Milli tarixşünaslıq ənənələri nəzərə alınaraq və bu hissədə istifadə edilmiş əksər tarixçilərin elmi işlərinə hörmət əlaməti olaraq, hazırkı işin müəllifləri spesifik regionlara şamil olunan keçmişə dair bəzi alternativ və bir-birindən fərqlənən perspektivlərə istinad etmək və onları saxlamaq qərarına gəlmişdir. Bundan əlavə, arxeologiyanın bəzi metodoloji çətinliklərini nəzərə alaraq, bu fikir müxtəlifliyi arxeoloji tapıntılara, sənədlərə, əlyazmalara və ədəbiyyat qeydlərinə dair aparılmaqda olan tədqiqatlar barədə hadisələri və yerləri başa düşməyə köməklik edə bilər.

2 Azərbaycana aid bu bölmənin müəllifi tarix elmləri namizədi Nəcəf Müseyiblidir.

3 М.М.Гусейнов. Ранние стадии заселения человека в пещере Азых. Ученые записки Аз.Гос.Универ., сер. истории и философии, № 4. Баку, 1979; М.М.Гусейнов. Древний палеолит Азербайджана. Баку, 1985; Мансуров М. Палеолит Азербайджана. Международная научная конференция "Археология и этнология Кавказа", Тбилиси, 2002; Mənsur Mənsurov. Qafqazda ilk paleolit abidələri. Azərbaycan arxeologiyası və etnoqrafiyası jurnalı. № 2, 2003; С. С. Велиев; М. М. Мансуров. К вопросу о возрасте древнейших слоев Азыхской пещерной стоянки. Доклады Академии Наук Азербайджана, 1999, № 3-4).

4 Р.М. Касимова. Первые палеоаптропологические находки в Кобыстане Журн. «Вопросы антропологии» вып 46. Москва – 1974).

5 О.Эфендиев. Азербайджанское государство Сефевидов в начале XVI века, Баку, 1981.

6 Gürcü dilinin yazılması üç fərqli formada inkişaf etmişdir; Asomtavruli, Nuskhuri, və Mxedruli. Vaxtaşırı olaraq, bu qrafik formalar birlikdə istifadə edilmişdir və bəzi müştərək eyni hərflərə malik olmuşdur. Ən sonuncu əlifba olan, Mxedruli əlifbasında digər erkən iki versiyadakılara nisbətən daha çox hərf vardır, buna baxmayaraq həmin əlavə hərflərə müasir Gürcü dilinin yazılışında daha ehtiyac yoxdur.

7 Baqrationilər sülaləsi eramızın 19-cu əsrinə qədər, yəni Rusiya imperiyası Gürcüstanı özünə birləşdirənədək Gürcüstanı idarə etmişdir.

This small pot with lid from Yevlakh, located in central Azerbaijan, may have held a grave offering. A cord passed through a hole at the top may have secured the lid.

Azərbaycanın mərkəzi hissəsində yerləşən Yevlax şəhəri yaxınlığında tapılmış bu qapaqlı kiçik qab, ehtimal ki, mərhumun şərəfinə qəbrə qoyulmuş bir qabdır. Yuxarı hissədəki deşikdən keçirilmiş qaytan, yəqin ki, qapağı saxlamışdır.

The friezes on this terracotta plaque from the Georgian site of Klde were carved rather than pressed. The style of the animals on both the upper and lower levels is characteristic of Persian reliefs.

Gürcüstanda Klde sahəsindən tapılmış bu bədii gil lövhədəki frizlər preslənmiş frizlərdən çox, oyma üsulu ilə hazırlanmış frizlərə oxşayır. Həm üst, həm də aşağı səviyyədəki heyvanlar İran relyefləri üçün səciyyəvi olan üslubda təsvir olunub.

This iron ring with a carnelian stone was found at Yuceoren in a double-chambered tomb that yielded numerous other finds, including the remains of 22 individuals, of whom 14 were adults and 8 were children.

Bu əqiq qaşlı dəmir üzük Yüceörendə qoşa kameralı bir məzarda tapılmışdır. Həmin məzarda 14-ü yaşlı insan, 8-i uşaq olmaqla 22 insan qalıqları ilə yanaşı, bir sıra digər tapıntılar da aşkar olunmuşdur.

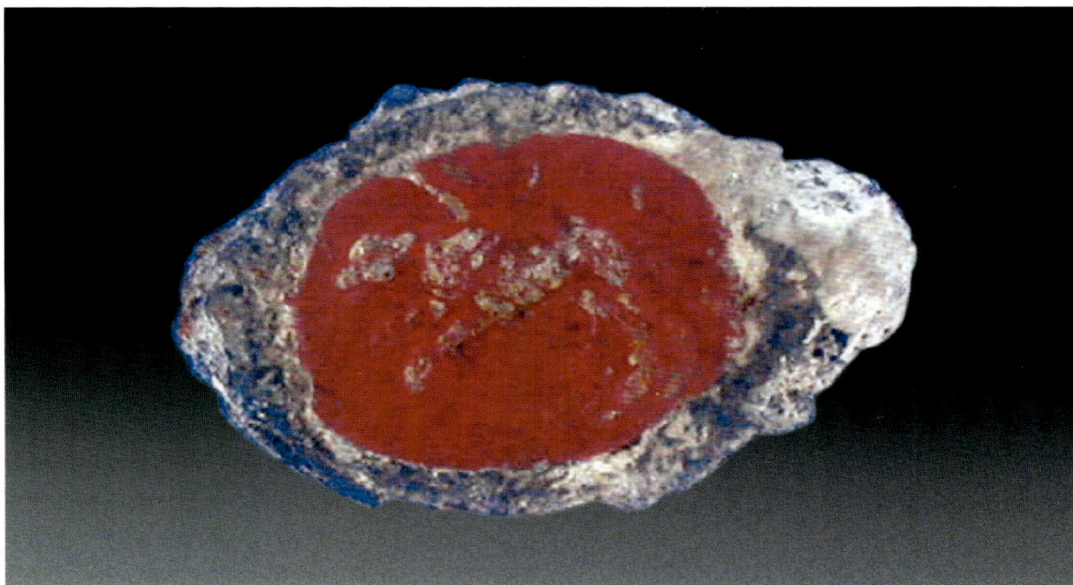

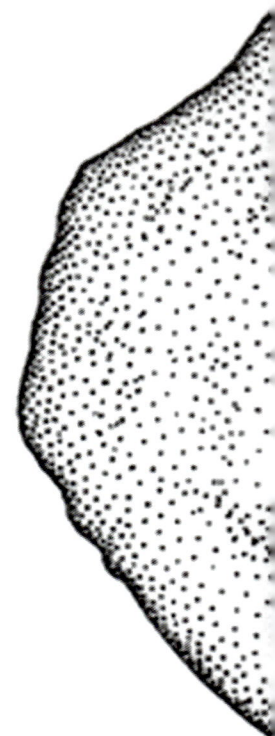

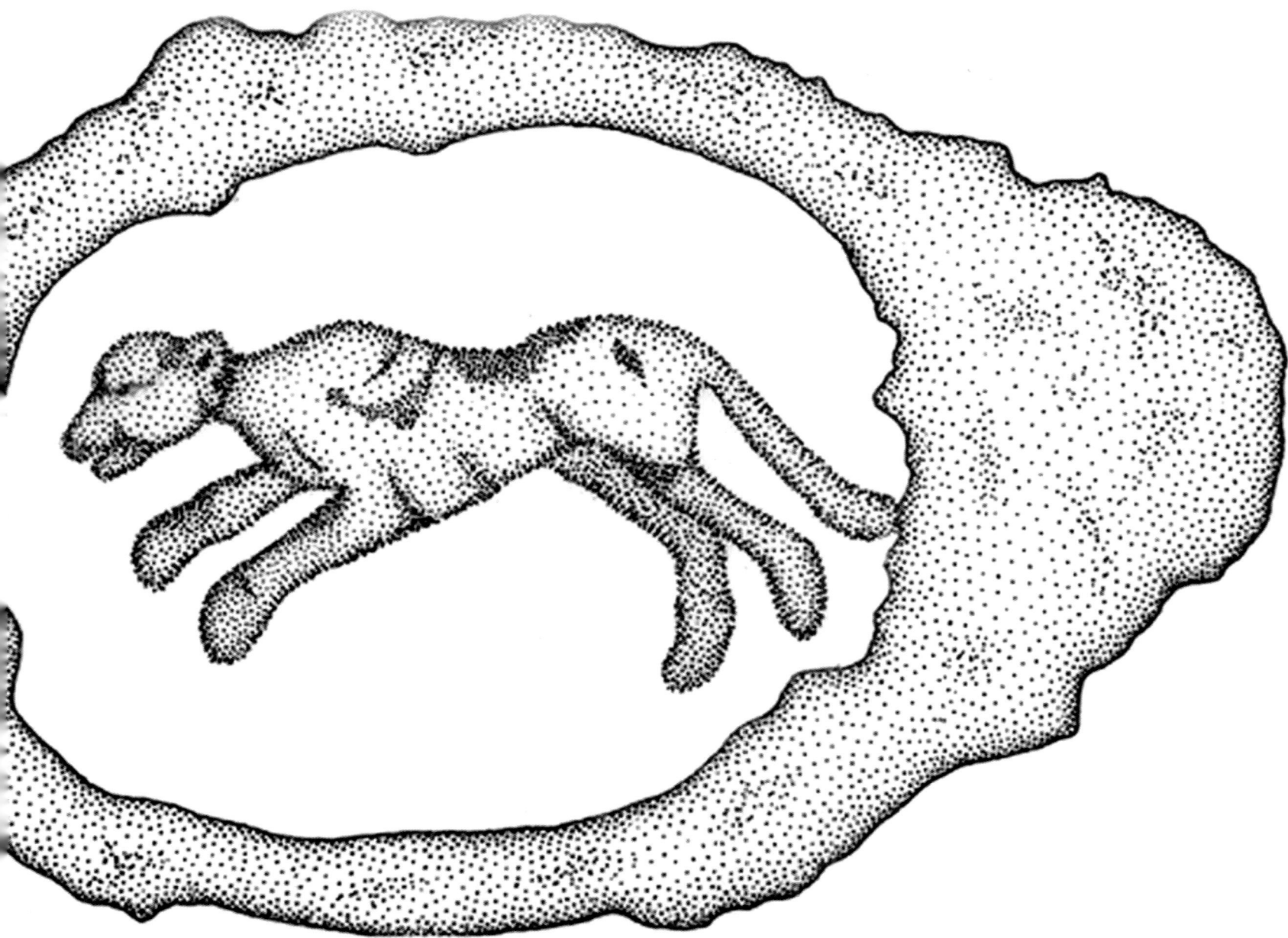

0   0.5   1cm

CHAPTER 3

Archaeological Sites Along the pipeline

People and societies throughout history have used material culture to portray what they considered their distinctive characteristics that set them apart from others. Clothing, jewelry, weaponry, coins, and the form and decorative elements of utilitarian objects such as tools and vessels all bespoke something about their owners' cultural heritage, family or personal status, religious beliefs, and group memberships. The use of material culture to proclaim something distinctive about their creation or use is also found in architecture, monuments, burial sites and practices, religious symbols, and other forms of material culture.

FƏSİL 3

Boru Kəməri Boyunca Arxeoloji Sahələr

İnsanlar və cəmiyyətlər tarix boyunca özlərini digərlərindən ayıran fərqli xüsusiyyətləri əks etdirmək məqsədilə maddi mədəniyyətdən istifadə etmişlər. Alətlər və qablar kimi utilitar xarakterli geyimlər, zinət əşyaları, silahlar, sikkələr, formalar və bəzək elementlərinin hamısı öz sahiblərinin mədəni irsi, ailə və ya şəxsi vəziyyəti, dini inancları və qrup üzvlükləri barəsində nəsə danışır. Onların yaranması və istifadə olunması barədə fərqli bir şey bildirmək üçün işarələr maddi mədəniyyətin memarlıq, abidələr, kurqanlar, adətlər, dini rəmzlər və digər formalarında da aşkar olunmuşdur.

The South Caucasus and eastern Anatolian regions have seen much influence from external cultures, often because of trade connections and invasions. Material evidence of diverse cultures lies hidden under the soil until disturbed by later generations. Such was the case with the pipelines project. Excavations of sites discovered during the pipelines construction unearthed many exciting finds that have deepened and enriched understanding of the peoples and societies that created them, as well as raising intriguing questions that only further excavations and research will resolve.

The archaeological sites described in this chapter, each unique in terms of age, function, and finds, are only a small fraction of the hundreds found during the course of the pipeline project. The primary aim in this chapter is to give an account of the material evidence uncovered from them, encourage further study, and foster appreciation of the regional peoples and their environments. The first three sites are located in Azerbaijan, the second three in Georgia, and the final three in Turkey.

Cənubi Qafqaz və şərqi Anadolu regionları kənar mədəniyyətlərin təsirinə çox məruz qalmış və bu təsir əksər hallarda ticarət əlaqələri və işğallar nəticəsində baş vermişdir. Müxtəlif mədəniyyətlərin maddi sübutu sonrakı nəsillər tərəfindən qazılıb üzə çıxarılana qədər torpağın altında gizli vəziyyətdə qalır. Bu, boru kəmərləri layihəsi ərzində də belə olmuşdur. Boru kəmərlərinin tikintisi ərzində aşkar edilmiş sahələrdə qazıntı işləri zamanı çoxlu heyrətamiz tapıntılar üzə çıxarılmışdır. Bu tapıntılar onları yaratmış xalqlar və cəmiyyətlər haqqında bilgiləri dərinləşdirərək zənginləşdirmiş, əlavə olaraq yalnız arxeoloji qazıntı və tədqiqat işlərinin cavab verəcəyi maraqlı suallar yaratmışdır.

Bu fəsildə təsvir olunan arxeoloji sahələr boru kəmərləri layihəsinin gedişi ərzində arxeoloji qazıntı aparılmış yüzlərlə sahələrin yalnız kiçik bir hissəsidir. Hər bir sahə öz yaşı, funksiyası və orada əldə edilmiş tapıntılara görə bənzərsizdir. Bu fəslin əsas məqsədi sözügedən sahələrdən tapılmış maddi sübutlar haqqında hesabat vermək, gələcək tədqiqatları stimullaşdırmaq, regiondakı xalqların və onların mühitlərinin qiymətləndirilməsinə imkan yaratmaqdır. Birinci üç sahə Azərbaycanda, ikinci üç sahə Gürcüstanda və sonuncu üç sahə Türkiyədə yerləşir.

Azerbaijan

Dashbulaq

Dashbulaq is one of a series of Medieval sites found in the Shamkir region in northwest Azerbaijan. Additional sites from the same period are located at the Faxrali village in the Goranboy region and at the Lak and Hajiali villages in the Samukh region, also in the northwest. Ganja was one of the largest cities in the Caucasus during the late Middle Ages, before an earthquake in 1139 killed thousands of people. Shamkir was an important fortress on the Shamkir River and the scene of several battles during the early Middle Ages. These various sites provide examples of distinctive, localized examples of medieval society in the area. The remains of historic bridges on the Zayamchai and Shamkirchai Rivers reflect the engineering of the time. Caravans following the greater Silk Road would likely have crossed these bridges as they passed through this portion of Azerbaijan.

The Dashbulaq site is notable for the number of its archaeological layers, which speak of sequential periods of occupation, destruction, and rebuilding. The village at Dashbulaq was most active between the 9th and 11th centuries AD. Because only a small part of the village site was uncovered excavations took place only where the pipeline route passed directly through the village—it is only possible to speculate about what else might be there. A permanent settlement or town from the period might have contained a bazaar, caravanserai (inn), mosque, and madrasah (school). The excavations at Dashbulaq did, however, reveal numerous features that archaeologists would expect to see in permanent villages and settlements. These features, which also have ethnographic parallels today, include

Azərbaycan

Daşbulaq

Daşbulaq Azərbaycanın şimal-qərbində yerləşən Şəmkir rayonu ərazisində aşkar olunmuş Orta əsrlərə aid sahələrdən biridir. Eyni dövrə aid digər arxeoloji sahələr Goranboy rayonunun Faxralı kəndində və Samux rayonunun Lək və Hacıəli kəndlərində yerləşir. Orta əsrlərdə Gəncə Qafqazda ən böyük şəhərlərdən biri idi və 1139-cu ildə baş vermiş zəlzələ zamanı burada minlərlə insan dünyasını dəyişmişdir. Şəmkir qalası Şəmkir çayı sahilində yerləşən əhəmiyyətli bir qala idi. Bu qala Orta əsrlərin əvvəlində neçə-neçə döyüşün baş verdiyi yer olmuşdur. Regionda Orta əsrlər cəmiyyətinin ticarət sistemlərini işıqlandıran əlavə əlamətlər Zəyəmçay və Şəmkirçay çayları üzərində öz zamanını qabaqlayan texniki nailiyyətləri əks etdirən tarixi körpülərin qalıqlarıdır. Karvanlar Azərbaycanın bu hissəsindən hərəkət etdiyinə görə, güman ki, Böyük İpək Yolu ilə irəliləyən karvanlar da bu körpülərdən keçib gedirmiş.

Daşbulaq sahəsi özünün ardıcıl işğal, dağılma və yenidən qurulma dövrlərini əks etdirən arxeoloji qatların sıxlığı ilə diqqəti cəlb edir. Daşbulaq kəndi yaxınlığındakı yaşayış yerində eramızın 9-cu və 11-ci əsrləri arasındakı müddət ərzində qaynar həyat olmuşdur. Məsələ burasındadır ki, burada arxeoloji qazıntılar məhdud sahədə - yalnız boru kəməri marşrutunun birbaşa keçdiyi yerlərdə aparılmışdır. Odur ki, yaşayış yerində daha nələrin tapıla biləcəyini yalnız ehtimal etmək mümkündür. Həmin dövrə aid daimi bir qəsəbə və ya şəhərdə bazar, karvansaray (mehmanxana), məscid və mədrəsə (məktəb) olmuş ola bilər. Bununla belə, Daşbulaqda aparılmış arxeoloji qazıntılar zamanı aşkara çıxarılmış bir sıra qalıqların etnoqrafik paralelləri də mövcuddur. Bunlar təndirlər (möhrədən hazırlanmış təndirlər),

Tandirs (ovens) such as the two above are a common feature at sites from the Medieval Period. They were constructed from coiled clay and fired in place.

Yuxarıda göstərilən iki tapıntı təndir Orta Əsrlər dövrünə aid sahələrdə adi tapıntılardır. Onlar yoğrulmuş və yerində yandırılmış gildən hazırlanmış təndirlər olmuşlar.

Zoomorphic images of birds, goats, dogs, and wild animals were stamped into the shoulders of several pots from Dashbulaq.

Daşbulaq sahəsindən tapılmış bir neçə küpün qulplarının üstünə quş, keçi, it və vəhşi heyvanların zoomorfik təsvirləri həkk olunmuşdur.

tandirs (clay-formed ovens), massive storage pits, and burial sites. Among the recovered artifacts are typical domestic items such as utilitarian ceramic cooking vessels and finer serving vessels (including a well-preserved stamped pot with an animal motif and glazed pottery in a typical Islamic style). Personal items included fragments of several glass bracelets. The stratigraphy of the material evidence also seems to indicate an initial Christian community followed by a later Islamic one. This transition seems to have occurred at some time in the middle of the 9th century. The pipeline-related excavations found six Christian graves- a relatively small amount of material reflecting this seemingly earlier Christian community at Dashbulaq. However, it is not entirely clear whether these graves belong to the same period.

böyük təsərrüfat quyuları və qəbirlərdir. Aşkar olunmuş maddi mədəniyyət nümunələri istifadə üçün nəzərdə tutulmuş saxsı məişət-mətbəx qabları və daha zərif yemək qabları (yaxşı qalmış, üstünə heyvan təsviri həkk olunmuş saxsı küp və tipik İslam üslubunda emallanmış saxsı qab daxil olmaqla) kimi məişət əşyalarından ibarətdir. Sahədən tapılmış şəxsi istifadə əşyalarının sırasına şüşə bilərziklər də daxildir. Eyni zamanda, maddi sübutların stratiqrafiyası sonralar İslam icması ilə müşayiət olunan ilkin xristian icmasının mövcud olduğunu göstərir. Bu keçidin 9-cu əsrin təxminən ortalarında baş verdiyi görsənir. Boru kəməri ilə bağlı qazıntı işləri zamanı Daşbulaqda bu ilkin xristian icmasını əks etdirən nisbətən az material – altı xristian qəbiri tapılmışdır. Bu qəbirlərin buradaki yaşayış yeri ilə həmdövr olub-olmaması dəqiq deyil.

Zayamchai and Tovuzchai

Multiple graves at Zayamchai and Tovuzchai, two closely related necropoli excavated along the pipeline corridor in Azerbaijan, yielded extensive insights into the burial practices in the Late Bronze Age and Early Iron Age (approximately 1,400-700 BC).

In 2002, archaeologists of the Institute of Archaeology and Ethnography first recorded the Zayamchai necropolis (or "city of the dead"), located on the east banks of the river of the same name, during baseline surveys carried out during Stage 1 of the project. Subsequent excavations conducted in 2003 uncovered over 130 graves that yielded hundreds of intact pottery vessels, many unique bronze artifacts (including daggers, javelin points, and various decorative pieces), and other ritual objects. The findings indicate that advanced Late Bronze Age (Xojali-Gedabey) cultures were present in the Kura Valley at the end of the second millennium BC. The variety and skilled workmanship reflect a highly coherent, structured local society.

Zəyəmçay və Tovuzçay

Azərbaycanda boru kəməri dəhlizi boyunca qazıntı işləri aparılmış bir-biri ilə sıx əlaqəsi olan Zəyəmçay və Tovuzçay məzarlıqlarında çoxsaylı qəbirlər Son Tunc dövrünün və İlk Dəmir dövrünün (təxminən eramızdan əvvəl 1400-700-cü illər) dəfn qaydalarını geniş şəkildə araşdırmağa və onların mahiyyətinə dərindən varmağa şərait yaratmışdır.

Arxeologiya və Etnoqrafiya İnstitutunun arxeoloqları Zəyəmçay çayının sağ sahillərindəki Zəyəmçay məzarlığını ilk dəfə Layihənin 1-ci mərhələsi ərzində 2002-ci ildə ilkin tədqiqatların aparıldığı müddətdə qeydə almışlar. 2003-cü ildə aparılmış sonrakı arxeoloji qazıntılar zamanı 130-dan çox dəfn abidələri aşkar olunmuşdur. Bu məzarlardan yüzlərlə zədələnməmiş saxsı qablar, çoxlu nadir tunc maddi mədəniyyət qalıqları (xəncərlər, nizə və ox ucluqları və müxtəlif bəzək əşyaları) və digər ayin əşyaları tapılmışdır. Bu nekropoldan toplanmış materiallar e. ə. ikinci minilliyin sonunda Kür vadisində inkişaf etmiş Son Tunc dövrü Xocalı-Gədəbəy mədəniyyətinin mövcud olduğunu gös tərir. Arxeoloji qazıntılar və aşkar edilmiş maddi mədəniyyət nümunələri qeyd edilən dövrdə bu bölgədə təbəqələşmiş yerli bir cəmiyyətin varlığından xəbər verir.

Archaeologists will be working for years to come to interpret the markings scratched on the bottom of this pot before it was fired.

Bu gil qab bişirilmazdan öncə onun alt hissəsinin üzərinə bəzi həndəsi təsvirlər çəkilmişdir. Arxeoloqlar bu təsvirləri interpretasiya etmək üçün qarşıdan gələn illərdə işləyəcəklər.

This distinctive three-legged shallow footed vessel
is decorated across its top and bottom.

Bu qısa üç ayaqlı nadir qabın üstü və içərisi
naxışlarla bəzənmişdir.

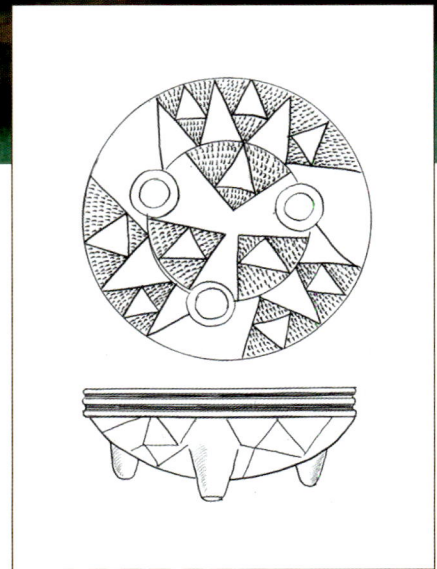

The project's planning team rerouted the pipelines in this area to avoid impacting two other significant cultural heritage sites located nearby. One was a large and complex settlement that seems to date from the Late Bronze Age, and the second was a historic bridge crossing the Zayamchai that likely dates from the Middle Ages.

The Tovuzchai necropolis, uncovered on the west bank of the river of the same name, was similar to the necropolis at Zayamchai. The 80-plus graves excavated at this site during 2004 and 2005 similarly revealed a rich burial culture. Particularly noteworthy were the complete pots with the remains of the deceased; in some cases over 20 complete pots had been buried at the same time. Other items from the graves included bronze daggers and arrowheads, bronze bosses (a circular bulge or knoblike form protruding from a surrounding flatter area), and hundreds of beads made from carnelian, agate, and glass paste. The internments at the sites seem to have taken place over several hundred years without notable interruption.

Layihənin planlaşdırma qrupu yaxınlıqda yerləşən iki digər əhəmiyyətli mədəni irs sahəsinə təsirin qarşısını almaq üçün bu sahədə boru kəmərlərinin marşrutunda dəyişiklik etmişdir. Bu sahələrdən biri Son Tunc dövrünə aid olduğu görünən böyük və kompleks yaşayış sahəsi, ikincisi isə Orta Əsrlərə aid Zəyəmçay çayının üzərindən keçən tarixi bir körpü olmuşdur.

Tovuzçay çayının qərb sahilində tapılmış Tovuzçay nekropolu Zəyəmçaydakı məzarlıqla bir sıra ümumi xüsusiyyətlərə malikdir. 2004 - 2005-ci illər ərzində bu sahədə aparılmış qazıntılar zamanı 80-dən çox qəbir və zəngin dəfn mədəniyyəti aşkar edilmişdir. Xüsusən də, bu qəbirlərdə vəfat etmiş insanın qalıqları ilə yanaşı çoxsaylı bütöv saxsı qablar diqqəti cəlb etmişdir. Bəzi qəbirlərdə eyni vaxtda 20-dən çox saxsı qab qoyulmuşdur. Qəbirlərdən tapılmış digər əşyaların arasında tunc xəncərlər, ox ucluqları, əqiq və şüşə pastadan düzəldilmiş yüzlərlə muncuqlar və s. olmuşdur.

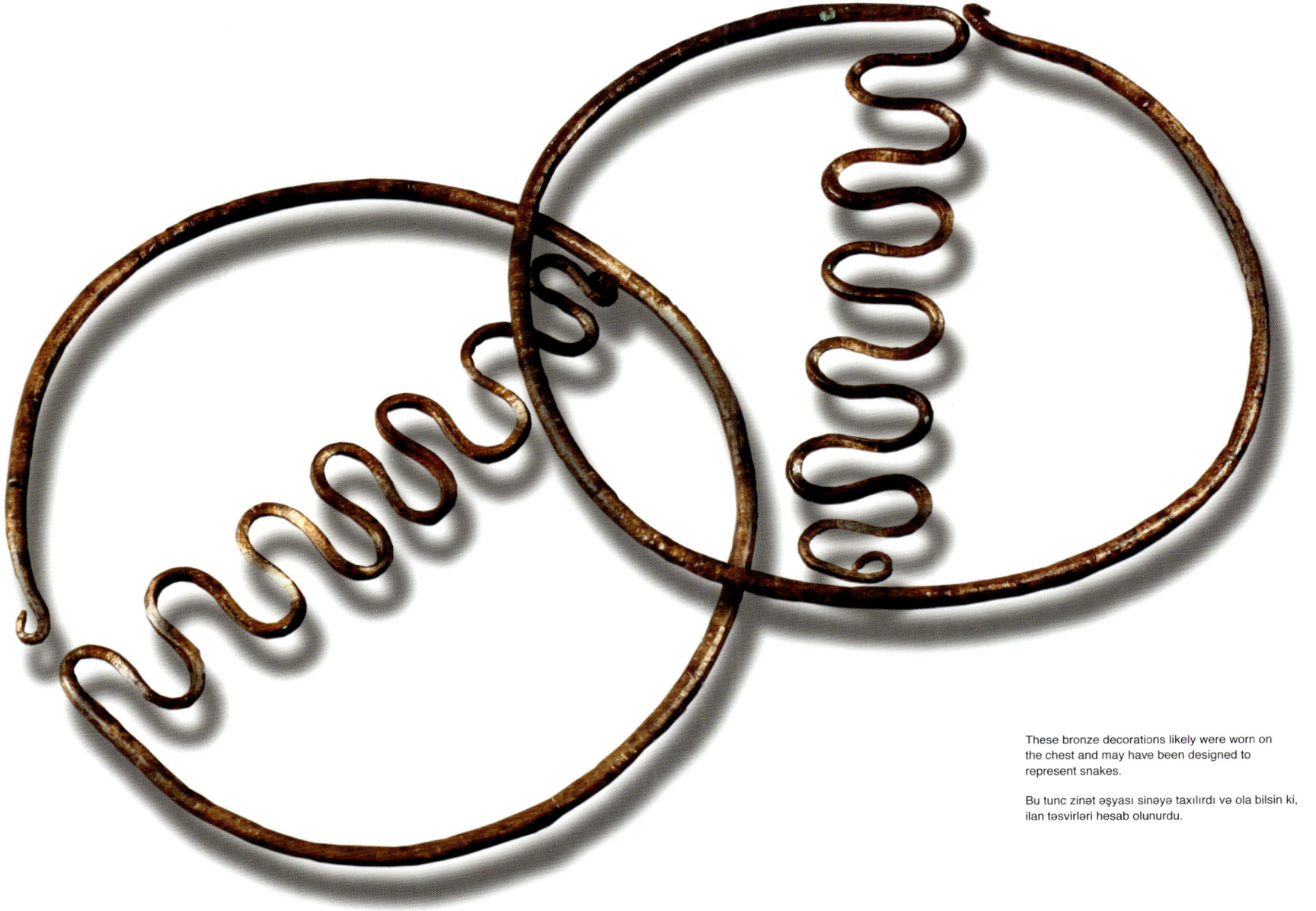

These bronze decorations likely were worn on the chest and may have been designed to represent snakes.

Bu tunc zinət əşyası sinəyə taxılırdı və ola bilsin ki, ilan təsvirləri hesab olunurdu.

The Tovuzchai graves were of two general types: shallow ones covered by rounded river stones, and deeper earthen ones. There is no clear pattern with respect to grave depth and composition of the items placed in them; some burial chambers were large but modestly furnished, while others were small but filled with rich arrays of burial items. In some, the skeletal remains were disarticulated; in others, the individuals were buried with animals. The head of the skeleton in one grave rested on a number of polished and painted ceramic plates and pots. This arrangement may reflect specific spiritual or religious beliefs. A bronze bracelet, bronze earring, and seashell and agate beads were found on or near the skeleton.

Several large storage vessels found in the nearby village may have been part of the same complex as Tovuzchai necropolis. Archaeological material recovered from the Tovuzchai necropolis indicates that a settlement had existed near this site for six or seven centuries.

Tovuzçayda qəbirlərin iki ümumi növü aşkar olunmuşdur: üstü çay daşları ilə örtülmüş dayaz qəbirlər və üstü torpaqla örtülmüş dərin qəbirlər. Qəbrin dərinliyi və ya qəbirlərdə tapılmış əşyaların tərkibi ilə bağlı heç bir aydın fərq nəzərə çarpmır. Bəzi qəbir kameraları böyük olmuş, içərisinə az əşya yığılmışdır, digərləri isə kiçik olmuş, çoxlu dəfn əşyaları ilə doldurulmuşdur. Bəzi qəbirlərdə skelet qalıqları hissələrə ayrılmış vəziyyətdə olmuş, digərlərində isə insanlar heyvanlarla birlikdə basdırılmışdır. Qəbirlərdən birində tapılmış bir skeletin başı, cilalanmış və boya ilə rənglənmiş bir neçə saxsı boşqabın üstünə qoyulmuşdur. Bu, xüsusi ritual və ya dini inancların ifadəsi olmuş ola bilər. Skeletin yanında və üstündə tunc bilərzik, tunc sırğa və əqiq muncuqlar da tapılmışdır.

Yaxınlıqda aşkar edilmiş bir neçə iri təsərrüfat küpünün aşkar edildiyi yaşayış yeri Tovuzçayın nekropolu ilə kompleks təşkil edir. Tovuzçay nekropolundan aşkar olunmuş arxeoloji material göstərir ki, bu sahənin yaxınlığında altı və ya yeddi əsr boyu mövcud bir yaşayış məskəni olmuşdur.

Bronze adornment, found at Zayamchai that dates to the Bronze age. 5cm x 5.5cm.

Zəyəmçayda tapılmış Tunc dövrünə aid edilən Tunc zinət əşyasının ölçüsü 5sm x 5.5sm təşkil edirdi.

The head of the deceased in this grave was positioned on top of several ceramic serving and storage vessels, in the Tovuzchai necropolis. Carnelian beads were found below the jaw.

Tovuzçay nekropolundakı bu qəbirdə mərhumun başı bir neçə saxsı məişət və təsərrüfat qabının üstünə qoyulmuşdur. Əqiq muncuqlar mərhumun çənəsinin altında tapılmışdır.

This highly decorated vessel found from the Zayamchai necropolis was a churn and used to produce butter from milk. Similar vessels are still used in parts of Azerbaijan today to produce homemade butter.

Zəyamçay nekropolundan tapılmış bu çox naxışlı qab nehrə olub, süddən yağ alınması üçün istifadə edilmişdir.

The Hasansu Kurgan

The remains of a kurgan found near Hasansu in western Azerbaijan reflect Middle Bronze Age cultures in the region. The kurgan is similar to those of the Tazakand and Trialeti cultures that spanned Azerbaijan and Georgia from approximately 2,200 to 1,700 BC. It is notable for the fascinating orientation of 71 pottery vessels, adjacent to a deceased juvenile, arranged in distinct parallel lines along two walls inside an excavated kurgan. The shoulders of many of the pots were decorated with etched bands of chevrons and other formal designs. A scattering of domestic animal bones may be from food provided for the deceased in the afterlife. Skulls and leg bones of bulls had been placed in two corners of the burial chamber, a deliberate arrangement

Həsənsu Kurqanı

Azərbaycanın qərbində Həsənsu yaxınlığında tapılmış kurqanın qalıqları regionda Orta Tunc dövrü mədəniyyətlərini əks etdirir. Bu kurqan qədim Azərbaycan və Gürcüstanda mövcud olmuş Təzəkənd və Trialeti mədəniyyətlərinə (e. ə. Təxminən 2.200 – 1.700 illər) aid kurqanlarla bir sıra xüsusiyyətləri ilə yaxınlıq təşkil edir.

Həsənsudakı kurqan özünün dəfn kamerasında tapılmış və vəfat etmiş yeniyetmə insanın şərəfinə kurqanın iki divarı boyunca paralel cərgələrə düzülmüş 71 saxsı qab ilə diqqəti cəlb edir. Qabların çoxu sınıq xətlərlə və meandrlarla naxışlanmışdır. Dəfn kamerasında ev heyvanı sümüklərinin ətrafa dağılmış vəziyyətdə olması mərhumu ölümdən sonrakı həyatda təmin etmək üçün oraya yerləşdirilmiş qida məhsulunun hissələrini əks etdirə bilər. Bundan başqa, öküzlərin kəllə və ayaq sümükləri dəfn

Seventy-one ceramic vessels from the Hansansu kurgan highlight the technical skill of potters during the Middle Bronze Age in the South Caucasus. Some of the vessels may have been manufactured specifically for use in this burial.

Həsənsu kurqanından tapılmış yetmiş bir ədəd saxsı qab Cənubi Qafqazda Orta Tunc dövrü ərzində dulusçuların texniki ustalığından xəbər verir. Bu qabların bəziləri, güman ki, dəfn mərasimlərində istifadə edilmək üçün istehsal olunmuşdur.

perhaps intended to represent a bull-drawn chariot or cart. Other finds included bronze pins, baskets, and perforated beads. Several kurgans excavated at Hasansu are similar to others discovered in the 1980s in the Shamkir region of western Azerbaijan.

The discovery of this kurgan in the AGT Pipelines corridor illustrates the burial practices of the Middle Bronze Age, which had previously been poorly documented in this area. Some archaeologists view the introduction of burials in the style of Hansansu to this region as evidence of foreign populations moving into the region, or of an internal evolution in burial practices.

kamerasının iki küncünə qoyulmuşdur. Yəqin ki, bu materialların düşünülmüş şəkildə düzülüşü öküz və ya kəl arabasını əks etdirmək məqsədi daşımış ola bilər. Dəfn kamerasında aşkar edilmiş digər tapıntıların arasında tunc sancaq, sədəf muncuqlar olmuşdur. Həsənsu kurqanı ilə eyni qəbildən olan qəbir abidələri 1980-ci illərdə Azərbaycanın qərbində, Şəmkir rayonunda aşkar olunmuşdur.

AGT boru kəmərləri dəhlizində aşkar edilmiş bu kurqan bölgədə əvvəllər zəif öyrənilmiş Orta Tunc dövrünün dəfn adətlərinə işıq salır. Arxeoloqlar hesab edirlər ki, bu regionda Həsənsu üslubunda qəbirlərin qazılması bura digər ərazilərdən insanların gəlməsi və ya dəfn adətlərinin daxili təkamülü ilə bağlı olmuşdur.

Rows of pottery vessels lined both sides of the burial chamber in the Hasansu kurgan. The excavators speculate that the pattern seen in the center of the chamber might have been a symbolic representation of a cart pulled by oxen or bulls.

Həsənsu kurqanında dəfn kamerasının hər iki tərəfinə saxsı qablar cərgə ilə düzülmüşdür. Qazıntı işlərini aparmış N. Müseyibli hesab edir ki, kameranın mərkəzində diqqəti cəlb edən mənzərə öküz arabasının rəmzi təsviri ola bilər.

The triangular bronze blade of this Near Eastern type of dagger, found at the Saphar-Kharaba site, has low ridges along both sides and is set with fluted frame lines. Both sides of the shaft had residue from wood plates. This type of dagger was common in the Transcaucasus in the 15th-14th centuries BC.

Səfər-Xaraba sahəsində tapılmış bu Ön Asiya tipli bu tunc xəncərin hər iki nazik tərəfi boydan-boya kəsicidir və xəncərin iki üzündə kanalvarı xətt vardır. Dəstəyinin hər iki tərəfində taxta lövhə qalıqları qalır. Bu cür xəncərlər eramızdan əvvəl 15-14-cü əsrlərdə Cənubi Qafqazda geniş istifadə edilmişdir.

Georgia

Saphar-Kharaba

Archaeologists found more than 100 burial chambers encircled by basalt at the Saphar-Kharaba necropolis in the historic region of Trialeti (Tsalka District) of southern Georgia. Analysis suggests that the site was used in the 15th-mid-14th centuries BC. With only a few exceptions, the rectangular graves were uniform. Each contained skeletons in crouched positions oriented north to south, a pattern that indicates well-established funerary practices. The graves also contained several distinctive artifacts. For example, a cylindrical seal depicting a figure kneeling at an altar with a rod in its hand is a common motif of the Mittani or Hurrian art that was widespread in the Levant and Mesopotamia. Other objects include bronze daggers and surgical scalpels of a type not common elsewhere in the Caucasus.

One of the graves contained a poorly preserved wooden cart with the remains of an axle, wheel, and yoke. Two clay vessels were positioned on what remained of the cart's bed. Under these vessels, human remains were found.

Gürcüstan

Səfər-Xaraba

Arxeoloqlar cənubi Gürcüstanda, Trialeti adlanan tarixi ərazidə (Tsalka rayonu) Səfər-Xaraba sahəsində bazalt daşları ilə dövrələnmiş 100-dən çox dəfn kamerası aşkar etmişlər. Arxeoloji məlumatların analizi göstərir ki, bu sahə e. ə. XV əsrdən XIV əsrin ortasına qədər istifadə olunmuşdur. Yalnız bir neçə qəbir istisna olmaqla, Səfər-Xaraba məzarlığındakı qəbirlər bir-birinə bənzəyir. Düzbucaqlı formalı bu qəbirlərdə bükülü vəziyyətdə skeletlər olmuş, skeletlər şimaldan cənuba doğru uzadılmışlar. Buna görə də, ehtimal olunur ki, bu mədəniyyətin ümumi dəfn qaydaları vahid qaydalar olmuşdur. Bununla yanaşı, qəbirlərdə bir sıra nadir maddi mədəniyyət nümunələri tapılmışdır. Məsələn, silindrik möhür aşkar edilmişdir, həmin möhürdə səcdəgah qarşısında diz üstə çökmüş və əlində mil olan bir fiqur təsvir olunmuşdur ki, bu da həmin vaxtlarda Levant və Mesopotamiyada geniş yayılmış Mitan və ya Hurrit mədəniyyətinin ümumi əlamətidir. Eyni zamanda, Səfər-Xaraba sahəsində tapılmış tunc xəncərlər və neştərlər Qafqazda adi tapıntılar olmamışdır.

Digər bir qəbirdə ox, təkər və boyunduruq qalıqları ilə birlikdə sıradan çıxmış vəziyyətdə bir araba aşkar olunmuşdur. Orada iki gil qab olmuş

Unfortunately, archaeologists did not discover this grave until after the pipeline construction had disturbed much of the contents, making it difficult to reconstruct this particular burial.

A skeleton of a man believed to have been 40-50-years-old has particular significance because samples of fabric were attached to it that provided clues to the type of fabrics produced in Georgia during this period. The samples were linen, cotton, and wool dyed with pigments that at the time could only have been extracted from mollusks along the Mediterranean coast. Because the raw dye was highly perishable, these textiles must have been produced and dyed near the Mediterranean before they were imported into the Caucasus. This suggests connections between the South Caucasus and surrounding regions, and perhaps the presence of early trade networks.

və araba onların üstünə yerləşdirilmişdir, arabanın altından isə insan qalıqları tapılmışdır. Təəssüf ki, bu fərqli qəbri bərpa etmək çətin olmuşdur, çünki qəbir tikinti işləri onun komponentlərinin çoxunu dağıtdıqdan sonra aşkar edilmişdir.

Ölərkən 40-50 yaş arasında olduğu şübhə doğurmayan bir kişi skeleti də marağa səbəb olmuşdur. Belə ki, skelet ilə birlikdə tapılmış geyimlər həmin dövr ərzində Gürcüstanda istehsal olunmuşdur. Nümunələr kətandan, pambıqdan və yundan hazırlanmışdır. Yun o vaxt yalnız Aralıq dənizi sahili boyunca molyuskalardan çıxarılmış ola bilən picmentlərlə boyanmışdır. Emal olunmamış boyaq tez xarab olduğuna görə, yəqin ki, bu parçalar Qafqaza idxal olunmazdan öncə Aralıq dənizi yaxınlığında istehsal edilmiş və boyanmışdır. Bu isə Cənubi Qafqaz və ətraf rayonlar arasında əlaqələrin və hətta ilk ticarət şəbəkələrinin olduğunu göstərir.

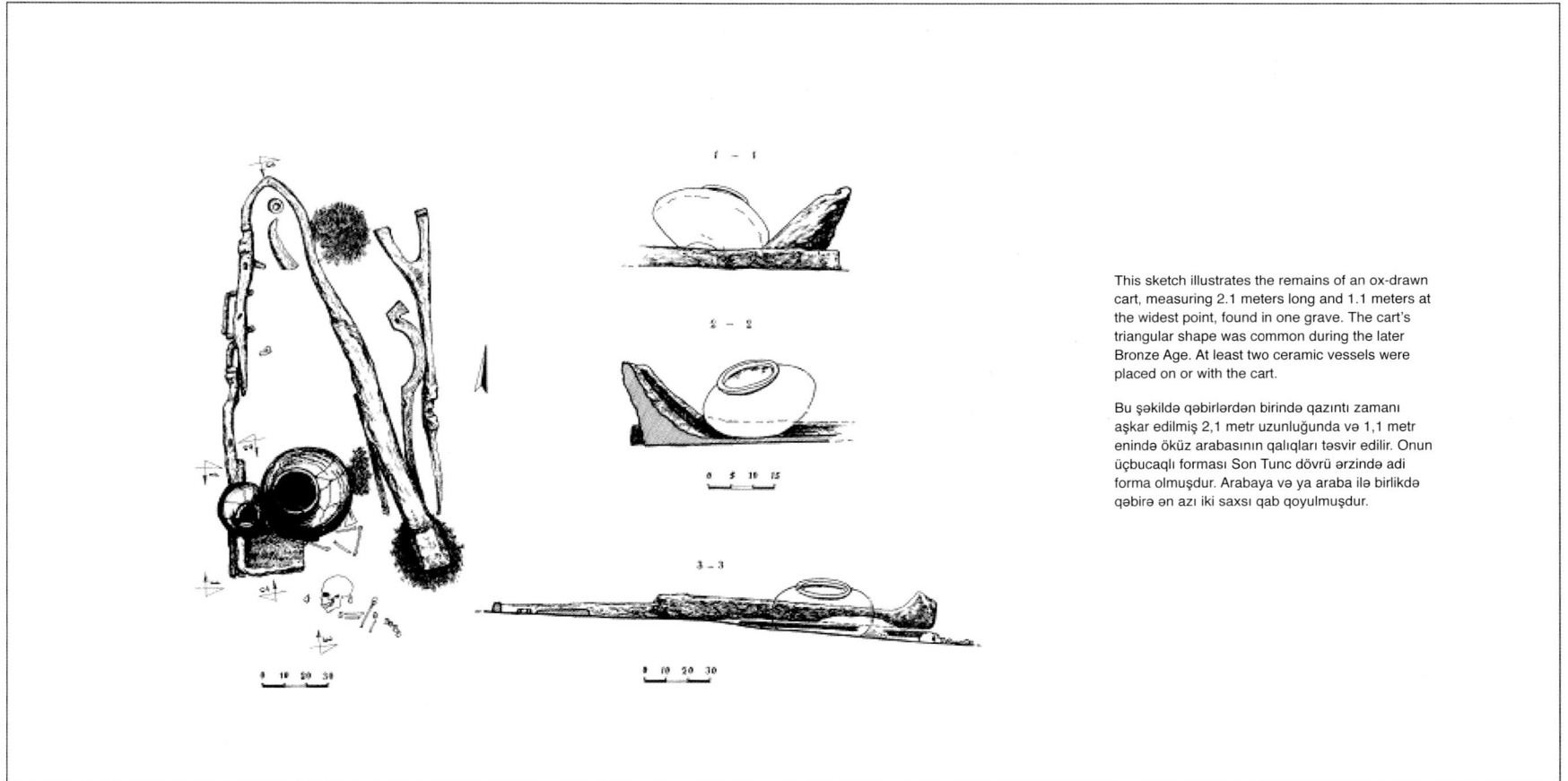

This sketch illustrates the remains of an ox-drawn cart, measuring 2.1 meters long and 1.1 meters at the widest point, found in one grave. The cart's triangular shape was common during the later Bronze Age. At least two ceramic vessels were placed on or with the cart.

Bu şəkildə qəbirlərdən birində qazıntı zamanı aşkar edilmiş 2,1 metr uzunluğunda və 1,1 metr enində öküz arabasının qalıqları təsvir edilir. Onun üçbucaqlı forması Son Tunc dövrü ərzində adi forma olmuşdur. Arabaya və ya araba ilə birlikdə qəbirə ən azı iki saxsı qab qoyulmuşdur.

This sketch shows the configuration of a typical burial, which generally contained several clay vessels placed behind the head of the deceased and weapons placed in front. Bronze pins were frequently found near the neck, beads and pendants in the chest area, and cornelian beads on the wrists and feet.

Bu şəkil arxeoloji qazıntı zamanı aşkar edilmiş tipik bir dəfn qaydasını əks etdirir və ümumiyyətlə, belə qəbirlərdə ölünün başının altına bir neçə gil qab, ön tərəfinə isə silahlar qoyulmuşdur. Əksər hallarda tunc sancaqlara ölmüş insanın boynuna yaxın yerdə, muncuqlara və kulonlara sinəsində, əqiq muncuqlara isə biləklərində və ayaqlarında rast gəlinmişdir.

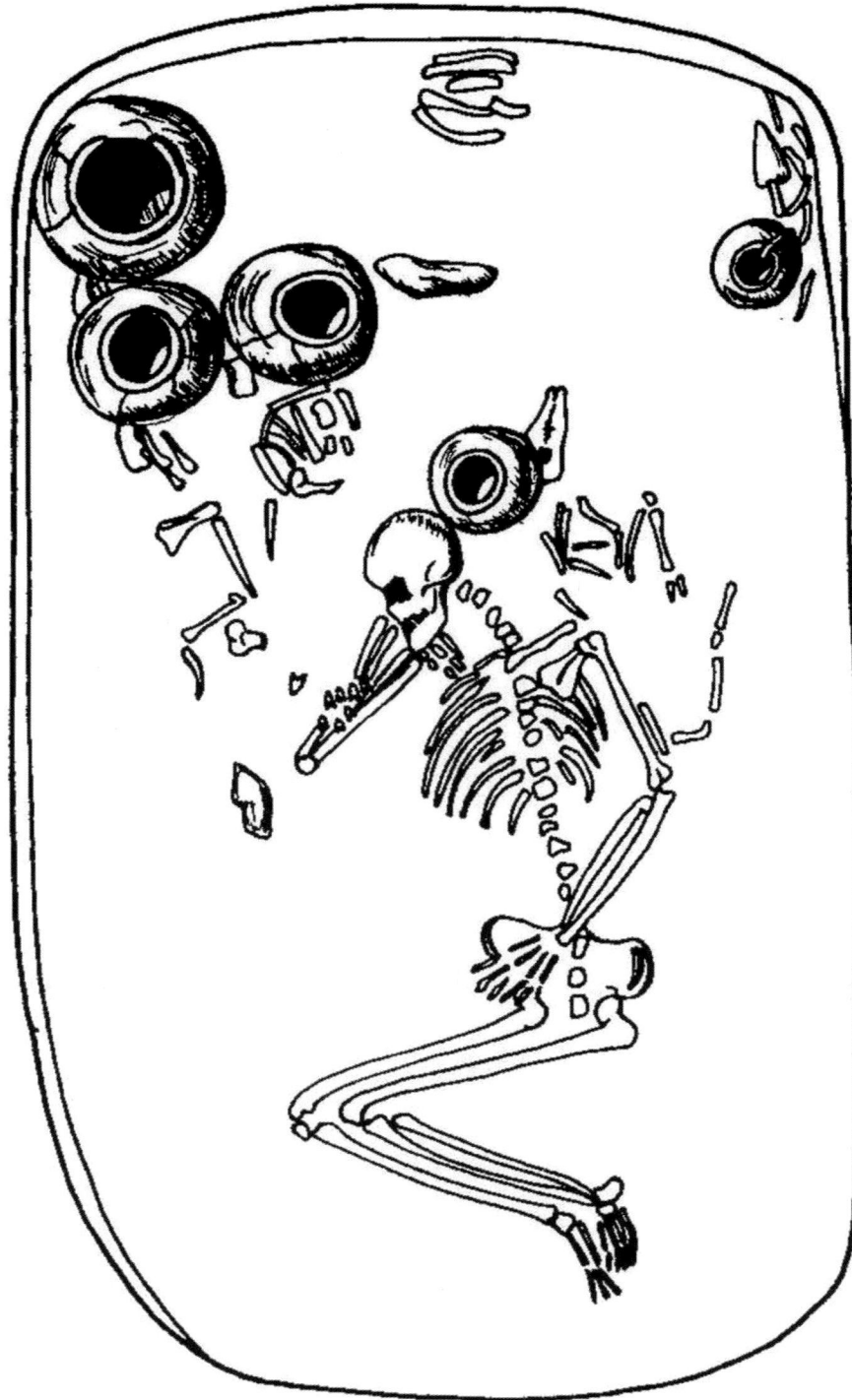

N

2   1

0   20   40   60

This cylindrical seal, believed to have originated in the Hurrian Kingdom of Mittani in northern Mesopotamia, depicts a man kneeling and possibly holding a staff and a goat. Seals such as this were common in Mesopotamia and were sometimes used to officially mark clay records.

Şimali Mesopotamiyada Mittaninin Hurrit krallığında hazırlandığı şübhə doğurmayan bu silindrik möhürdə dizi üstə çökmüş və güman ki, çubuq və keçi tutmuş bir kişi təsvir olunur. Bu cür möhürlər Mesopotamiyada adi əşyalar olmuşdur və bəzən gil əşyaları rəsmi qaydada nişanlamaq üçün istifadə edilmişdir.

Klde

The Klde settlement is situated on a terraced slope at the confluence of the Mtkvari and Potskhovai Rivers near the Turkish border in southwestern Georgia, along a major trade route that once linked the South Caucasus and eastern Anatolia. The site, encompassing a large multi-layer settlement and a cemetery, extends over 3,486 square meters and includes structures, graves, and storage pits. The excavations yielded excellent and extensive cultural material from the first millennium AD. The settlement appears to have been destroyed by fire and rebuilt several times. The last fire in the 7th century AD, possibly during the campaign of Byzantine Emperor Flavius Heraclius or during an Arab invasion, led to the abandonment of the site. The structures excavated during the pipeline project appear to have been domestic and were constructed from stone with tile roofs. All the dwellings possessed hearths for cooking, generally located either in the center or corner of the structure. The settlement's layout leads archaeologists to believe that the structures also had a defensive purpose. Several stone sling bullets of different shapes and sizes may have been a means of defense against attackers.

Klde

Klde sahəsi Gürcüstanda bir zamanlar Cənubi Qafqazı və Şərqi Anadolunu birləşdirən əsas ticarət marşrutu boyunca Mtkvari ilə Potsxovari çaylarının qovuşduğu ərazidə düzləndirilmiş bir yamacın üstündə yerləşir. Böyük bir yaşayış məskənini və bir məzarlığı əhatə edən bu sahənin ərazisi 3.486 kvadrat metrdir və buraya tikililər, qəbirlər, quyular daxildir. Arxeoloji qazıntılar zamanı eramızın birinci minilliyinə aid əla və müfəssəl mədəniyyət materialları aşkar olunmuşdur. Yaşayış məskəninin yanğın nəticəsində məhv olduğu və bir neçə dəfə yenidən qurulduğu görünür. Yəqin ki, eramızın 7-ci əsrində Bizans imperatoru Flaviusbaş Herakliusun hərbi yürüşü və ya ərəb işğalı ərzində baş vermiş sonuncu yanğın sahənin tərk olunmasına gətirib çıxarmışdır. Boru kəmərləri layihəsi ərzində arxeoloji qazıntılar zamanı aşkar edilmiş tikililərin məişət xarakterli tikililər olduğu və onların daşdan inşa edildiyi, damlarına kirəmit düzüldüyü görünür. Yaşayış tikililərinin bir neçəsində ya mərkəzi hissədə, ya da otaqların künclərində sobalar (ocaqlar) yerləşdirilmişdir. Yaşayış məskəninin yerləşdiyi ərazi arxeoloqlara belə bir nəticəyə gəlməyə imkan verir ki, tikililər müdafiə məqsədi də daşımışdır. Tapılmış müxtəlif formalı və ölçülü bir neçə daş güllə, ola bilsin ki, hücum edənlərdən müdafiə olunmaq vasitəsi olmuşdur.

The clothing worn by the figure on this small altar found at the Klde site exhibits Parthian influences, including long sleeves and a wide knee-length skirt. The raised right hand suggests a gesture of adoration to gods and kings commonly found on Parthian rock reliefs.

Klde sahəsində bu kiçik səcdəgahda təsvir olunmuş fiqurun geyimində uzun qollar və dizə qədər enli tuman daxil olmaqla Parfiya təsirləri nəzərə çarpır. Bu fiqurun yuxarı qalxmış sağ əli, adətən, Parfiya qayaüstü təsvirlərində rast gəlinən allahlara və şahlara sitayiş jestini ifadə edir.

Interment at some of the burial sites at Klde, which were concentrated in three separate areas, occurred in stone-lined pit graves, some of them edged with stone, while others were in wine jars. Many of the skeletons were lying on their backs, but others were on their sides in crouched positions. These differences mean the burials took place in at least three cultural periods and may reflect broad religious and other cultural changes over time. Indeed, in the region under the Kartli (Iberia) Kingdom, differences between pre-Christian and Christian funerary cultures shed light on the shift to Christianity, with some graves manifesting both Christian and pre-Christian funerary traditions.

A particularly interesting find at the Klde site, dating to the 3rd-4th centuries AD, is a platform that contained 15 ritual vessels along with human bones. However, a clay altar in a corner suggests that the site was a place of cult worship rather than a burial site. The altar bears both Roman and Persian reliefs. The right hand of one figure is raised in a way similar to a gesture of adoration of kings and gods found in the Parthian artistic tradition. Burned areas on the altar, along with the decorative motifs, suggest traditions associated with Zoroastrian altars.

Üç ayrıca sahədə cəmləşmiş Klde qəbirlərinin bəzilərində dəfn daşla hörülmüş çala qəbirlərdə, bəzilərində kənarlarına daş düzülmüş çala qəbirlərdə, bəzilərində isə şərab küplərində həyata keçirilmişdir. Çoxlu skeletlər arxası üstündə uzadılmış, bəziləri də yanları üstə bükülmüş vəziyyətdə tapılmışdır. Bu fərqlər göstərir ki, dəfnlər ən azı üç mədəni dövrdə həyata keçirilmiş və zaman keçdikcə baş vermiş dini və mədəni dəyişikliklərlə bağlı ola bilər. Əslində, xristianlıqdan öncəki və xristian dəfn mədəniyyəti arasındakı fərqlər Kartli(İberiya) krallığının hökmranlığı altında olan regionda xristianlığa transformasiya məsələsinə işıq salır. Bəzi qəbirlərdə həm xristian, həm də xristianlıqdan öncəki dəfn ənənələri aydın görünür.

Xüsusilə, Klde sahəsində maraqlı bir tapıntının tarixi bilavasitə eramızın III-IV əsrlərinə gedib çıxır: üstü qapaqla örtülmüş çalada insan sümükləri ilə birlikdə 15 ədəd mərasim qabı tapılmışdır. Bununla belə, bu guşə qəbir olmamışdır, çünki künclərdən birindəki gil səcdəgah onu göstərir ki, həmin yer ibadət sahəsi imiş. Səcdəgahda həm Roma, həm də fars nişanələri var. Bir fiqurun sağ əli yuxarı elə qalxmışdır ki, sanki Parfiya aristokrat ənənəsində rast gəlinən krallar və allahlara sitayiş jestini əks etdirir. Səcdəgahdakı yanmış sahələr dekorativ motivlərlə birlikdə burada Zərdüştilik səcdəgahları ilə bağlı ənənələrdən xəbər verir.

This bronze deer amulet reflects the relationship of Late Classical and Early Christian Georgian society with the natural world.

Cüyür təsvir olunmuş bu tunc həmayil Gürcüstanın Son Antik və İlk Xristian cəmiyyətinin dünya ilə əlaqəsini əks etdirir.

The site contained other interesting artifacts, such as a Roman lamp and a Parthian silver drachma (coin) of King Gotarzes I. The latter suggests that the Kartli (Iberian) Kingdom was actively involved in Roman-Parthian political and economic relationships connected with the Silk Road. A small fragment of red terracotta with animal figures—some standing, others in flight—was among the finds at this site. Finally, three glass intaglios (made of glass or jewels, with carved decorations) probably date to the second half of the 1st century AD, judging by their shapes and styles. All were similar, suggesting they may have been produced in the same workshop.

Sahədən tapılmış digər maraqlı maddi mədəniyyət nümunələri arasında Roma çırağı və üstündə çar 1-ci Qotarzesin şəkili olan Parfiya gümüş draxma (yunan pul vahidi) sikkələri də var. Bu sikkələr göstərir ki, Kartli (İberiya) çarlığı və xüsusən də, sözügedən region İpək Yolu ilə bağlı Roma-Parfiya siyasi və iqtisadi əlaqələrinə fəal surətdə cəlb olunmuşdur. Üstündə bəziləri dayanmış, digərləri döyüşən vəziyyətdə əks edilmiş heyvan fiqurları olan qırmızı gil qabın kiçik bir hissəsi də sahədə aşkarlanmış nadir tapıntılar arasındadır. Nəhayət, qəbiristanda şüşə üzərində üç kəsmə təsvir (şüşə və ya daş-qaşdan düzəldilmiş və naxışlar həkk olunmuş) tapılmışdır. Forma və üslublarına əsaslanaraq mühakimə yürütsək, çox güman ki, onların yaşı eramızın I əsrinin ikinci yarısına gedib çıxır. Onların hamısı bir-birinə bənzəyir və bu da onu göstərir ki, onlar eyni emalatxanada istehsal olunmuşdur.

This ring set with a carnelian stone illustrates the continued use of carnelian for personal decoration, a practice that extended from the Bronze Age into the Middle Ages. Of 11 rings found at the Klde burial site, two are Sassanian, eight are Roman, and one bears Christian symbols.

Əqiq qaşlı bu üzük əqiqin şəxsi zinət əşyası kimi Tunc dövründən Orta əsrlərə qədər davamlı şəkildə istifadə olunduğunu göstərir. Klde qəbiristanında tapılmış 11 üzüyün ikisi sasanilərə, səkkizi romalılara məxsusdur, birində isə xristian rəmzləri öz əksini tapmışdır.

Excavations of this grave at the Klde site revealed a pair of ceramic vessels and simple bronze hoop earring. Burials from the site are associated with both pre-Christian and early Christian societies.

Klde sahəsində aparılmış arxeoloji qazıntılar zamanı aşkar edilmiş bu qəbirdə bir cüt saxsı qab və sadə tunc sırğa tapılmışdır. Sahədəki qəbirlər həm xristianlıqdan öncəki, həm də ilkin xristianlıq cəmiyyətləri ilə əlaqədardır.

Orchosani

The archaeological site near the Orchosani village, located in the Akhaltsikhe region of southern Georgia (historically referred to as Samtskhe), is an excellent example of one of Georgia's longest continuously inhabited sites. It seems to have been in use since the Lower Palaeolithic Auchelian period. Surface finds include tools made of andesite and basalt (hand axes, scrapers and flakes). Its history spans from at least the Early Bronze Age (perhaps as early as the 4th millennium BC) right up to the early 17th century AD, when the settlement suffered a violent end. Only three structures remain: one from the Bronze Age Kura-Araxes culture, and two from the Medieval Period. Aerial views reveal a large fortified wall around the village dating to the Early Medieval Period.

The 4th-3rd millennium BC was a vibrant time at the Orchosani settlement, which seems to have gone through three distinct cultural phases. The first, that of an early agricultural society, left behind only fragments of pottery, black or grey in color, similar to vessel types discovered at cave settlements in western Georgia. The Kura-Araxes culture came next, around 3,500 BC, with its distinct mud brick homes, elaborately polished black exterior and red interior pottery, and blend of agriculture and pastoralism. Orchosani yielded many artifacts in the Kura-Araxes style, including an anthropomorphic terracotta figurine. Little is known of the third culture to inhabit the site, the Bedeni. Jewelry and other metallic objects from this and earlier periods of the Bronze Age were probably imported from Anatolia, as evidenced by a bronze mattock that with a higher ratio of nickel than is found in Georgia.

Orxosani

Cənubi Gürcüstanın Axaltsixi rayonunda yerləşən və tarixən Samtsxi kimi istinad olunan Orxosani kəndi yaxınlığındakı arxeoloji sahə Gürcüstanda insanların ən uzun müddət ərzində fasiləsiz məskunlaşdığı sahələrdən birinin əla nümunəsidir. Belə görünür ki, Orxosanidə insanlar Gürcüstan Alt Paleolitin Aşel mərhələsindən başlayaraq məskunlaşmışlar. Yerüstü tapıntılarını sırasına andezit və bazalt minerallarından düzəldilmiş alətlər (əl baltaları, ərsinlər və digər alətlər) daxil olmuşdur. Bu sahənin tarixi ən azı İlk Tunc dövründən (güman ki, eramızdan əvvəl 4-cü minilliyin ortalarından) başlanmış və eramızın XVII əsrinin əvvəlində həmin yaşayış məskəninin varlığına qəddarlıqla son qoyulana qədər davam etmişdir.

Bu sahədə yalnız üç tikili qalır: biri Tunc dövrünün Kür-Araz mədəniyyətindən və ikisi Orta Əsrlər dövründən. Aerofotoçəkilişlər zamanı kəndin ətrafında İlk Orta əsrlər dövrünə aid iri möhkəm divarın olduğu aşkar edilmişdir.

Eramızdan əvvəl 4-3-cü minillik Orxosani yaşayış məskənində keşməkeşli bir vaxt olmuşdur, burada üç fərqli mədəniyyətə məxsus mərhələ yaşanmışdır. Birincisi, erkən əkinçilik cəmiyyətindən yalnız qara və ya boz rəngli saxsı qabların parçaları yadigar qalmışdır. Oxşar qab növləri qərbi Gürcüstanda mağara yaşayış məskənlərində aşkar edilmişdir. Bu ilk mədəniyyət e. ə. təxminən 3.500-cü ildə Kür-Araz mədəniyyəti ilə əvəz olunmuşdur və həmin mədəniyyət üçün çiy kərpicdən tikilmiş fərqli evlər, iç və xarici səthi məharətlə qara emal ilə cilalanmış saxsı qablar, əkinçilik ilə heyvandarlıq fəaliyyətinin qarışığı səciyyəvi olmuşdur. Orxosanidə Kür-Araz mədəniyyəti üslubunda olan çoxlu maddi mədəniyyət nümunələri aşkar edilmiş və onların ən əhəmiyyətlisi antropomorf gil heykəl olmuşdur. Sahədə məskunlaşmış üçüncü mədəniyyət Bedeni adlandırılmışdır və bu haqda az şey məlumdur. Bu dövrə və Tunc dövrünün əvvəlki zamanlarına aid zinət əşyaları, çox güman ki, Anadoludan idxal olunmuşdur. Tərkibində Gürcüstanda tapıldığından daha çox miqdarda nikel olan tunc kərki buna bir sübutdur.

This silver cross-dating to the 6th or 7th century AD is the first of its kind to be found in eastern Georgia.

Tarixi eramızın VI və ya VII əsrinə gedib çıxan bu gümüş xaç şərqi Gürcüstanda tapılmış bu qəbildən olan birinci xaçdır.

Although the Orchosani cemetery produced few artifacts, the surrounding settlement yielded objects spanning many time periods. The most stunning were the large 500-600 liter wine storage jars known as pithoi (a Greek term describing large storage jars of a particular shape) dating to the 12th century AD. Stone, metal, and bone objects that served a variety of purposes, from culinary to military, were also recovered. Religious art from many eras was well-represented in the form of statuettes, inscriptions, and jewelry.

The impressive materials discovered at this site are all the more remarkable considering that Orchosani was completely destroyed twice. The first time was in the 10th century AD, most likely during the Seljuk Turk invasions of Georgia. Orchosani was again destroyed in the 17th century AD during the Ottoman expansion of the area, causing its final demise.

Orxosani qəbiristanında yalnız bir neçə maddi mədəniyyət nümunəsi aşkarlansa da, onun ətrafındakı yaşayış məskənində bir çox dövrlərə aid əşyalar üzə çıxarılmışdır. Həmin əşyaların arasında ən əhəmiyyətlisi yaşı eramızın XII əsrinə gedib çıxan amfora adlanan (xüsusi formalı iri saxlama küpü mənasını daşıyan Yunan sözü) 500-600 litrlik şərab küpüdür. Eyni zamanda, arxeoloqlar sahədə kulinariyadan tutmuş hərbə qədər müxtəlif məqsədlər üçün istifadə olunmuş daş, metal və sümük əşyalar da tapmışlar. Bir çox dövrlərdən qalmış dini motiv daşıyan sənət nümunələri də burada yaxşı təmsil olunmuşdur, onlar gil heykəllər, divarüstü yazılar və zinət əşyaları formasındadır.

Nəzərə alsaq ki, Orxosani iki dəfə yerlə yeksan olunub, bu sahədə aşkar edilmiş dərin təəssürat yaradan material daha böyük əhəmiyyət kəsb edər. Bu yaşayış məskəni ilk dəfə eramızın X əsrində, çox güman ki, Gürcüstanın Səlcuq türkləri tərəfindən işğal olunduğu müddət ərzində yerlə yeksan edilmişdir. Orxosani XVII əsrdə Osmanlıların bu əraziyə müdaxiləsi və ərazinin işğal olunması müddətində yenidən yerlə yeksan edilmiş və bu, burada yaşayışa son qoymuşdur.

This fired red ceramic drinking vessel, dating to the 1st-3rd centuries AD, was found inside a pit burial next to the deceased.

Tarixi eramızın I-III əsrlərinə gedib çıxan bu bişmiş qırmızı saxsı parç çala qəbrin içində mərhumun yanında tapılmışdır.

Molded terracotta figurines like this one were used in religious practices during the second half of the 3rd millennium BC.

Bunun kimi tökmə gil fiqurlar eramızdan əvvəl üçüncü minilliyinin ikinci yarısı ərzində dini mərasimlərdə istifadə olunmuşdur.

Turkey

Güllüdere

Located in the commercially vital region known as the Erzurum Plain in Turkey, Güllüdere reveals two distinct periods of habitation. The first, dating from the Iron Age (900-300 BC), provides evidence (especially similarities in pottery styles) that the inhabitants had cultural and commercial connections with the nearby sites of Tetikom and Tasmasor. The second period occurred during the Early Medieval Period. Findings from both habitation periods include multiple structural foundations, indicating a settlement and a cemetery either nearby or inside the settlement boundary. The burial practices observed at this cemetery allow archaeologists to link Güllüdere to well-established surrounding settlements in eastern Anatolia.

Of the 44 graves excavated at Güllüdere, 10 were definitively Iron Age. The deceased were buried in two distinct manners, the more elaborate of which involved placing the remains in a large ceramic or terracotta jar. While the exact reasons for this practice have not been determined, it is similar to the burial styles at neighboring sites, indicating a religious link. Following the normal pattern for jar burials in this region, grave goods accompanied the bodies. Those from the Iron Age are believed to have consisted only of the deceased's personal belongings. (The burial sites at Tetikom or Tasmasor included elaborate gifts, whose absence at Güllüdere could be the result of grave robbing rather than different spiritual practices.) Despite the general absence of grave goods in the Güllüdere cemetery, archaeologists discovered some stone, ceramic, and metallic objects. A few were well-preserved, such as a stone seal depicting a horse, a symbolically important animal in eastern Anatolia.

Türkiyə

Güllüdərə

Türkiyədə Ərzurum düzənliyi kimi tanınan ticari baxımdan çox əhəmiyyətli region olan Güllüdərə iki fərqli məskunlaşma dövrünün olduğunu göstərir. Tarixi Dəmir dövründən (e. ə. 900 – 300 illər) başlanan birinci dövr sübut (xüsusilə saxsı qabların üslub bənzərliyində) edir ki, sakinlər yaxınlıqdakı Tetikom və Tasmasor sahələri ilə mədəni və ticarət əlaqələrə malik olmuşlar. İkinci məskunlaşma dövrü Orta əsrlər dövrünün əvvəlində baş vermişdir. Hər iki məskunlaşma dövrünə çoxsaylı tikili bünövrələri daxildir, onlar ya bu yaşayış məskəninin yaxınlığında, ya da hüdudları daxilində yerləşən bir yaşayış məskəni və məzarlığın olmasından xəbər verir. Bu məzarlarda müşahidə olunmuş dəfn qaydaları arxeoloqlara imkan yaradır ki, Güllüdərəni şərqi Anadoluda yaxşı formalaşmış ətraf yaşayış məskənləri ilə əlaqələndirsinlər.

Güllüdərədə aparılmış arxeoloji qazıntılar zamanı aşkar edilmiş 44 qəbirdən 10-u qeyd-şərtsiz Dəmir dövrünə aid olmuşdur. Burada ölülər iki fərqli qaydada dəfn olunmuşlar və bunlardan ən çox diqqəti cəlb edən qəbirdə ölü böyük bir saxsı və ya gil küpün içərisinə yerləşdirilmişdir. Bu qaydanın dəqiq motivləri müəyyənləşdirilməsə də, qonşu sahələrdə oxşar dəfn üslubları göstərir ki, onların arasında dini əlaqə olmuşdur. Regionda küp qəbirlərə dair normal nümunədən sonra Güllüdərədə cəsədlərin yanına qoyulmuş qəbir əşyaları aşkar edilmişdir. Güllüdərədə Dəmir dövrünə aid qəbirlərdə tapılmış maddi mədəniyyət nümunələri müstəsna şəkildə mərhumun şəxsi əşyalarıdır. (Tetikom və ya Tasmasordakı qəbirlərdə tapılmış məharətlə hazırlanmış hədiyyələr Güllüdərədəki qəbirlərdə aşkar olunmamışdır, lakin bu fərq dini qaydalardakı fərqlərdən daha çox, qəbirlərin talanması nəticəsində yaranmış ola bilər). Ümumiyyətlə, Güllüdərə məzarlığında qəbir əşyalarının olmamasına baxmayaraq, arxeoloqlar bir neçə daş, saxsı və metal əşya aşkar etmişlər. Onlardan üstündə şərqi Anadoluda simvolik baxımdan əhəmiyyətli heyvan hesab edilən at təsviri olan daş möhür kimi bir neçə əşya yaxşı qalmışdır.

A Medieval Period grave stone with a clover-decorated cross was unearthed at Güllüdere.

Güllüdərədə Orta əsrlər dövrünə aid yonca yarpaqlı xaç həkk olunmuş bir qəbir daşı aşkar olunmuşdur.

0   10   20 cm

These jar burials most commonly involved children. While adults were buried this way to a lesser extent, no evidence of this was discovered at the Güllüdere cemetery. The more common practice for adults was a simple soil burial, with the deceased placed on one side in a crouching, fetal position. Notably, all but one Iron Age burial site was situated with a north-south orientation, providing more evidence that the residents of Güllüdere at this time had an organized belief system and specific understanding of an afterlife.

It was difficult to analyze Güllüdere's habitation during the Medieval Period. The foundations of a few Hellenistic structures were discovered but were so damaged that meaningful conclusions were impossible to draw. The graves from this period yielded even less information than those from the Iron Age. A few Christian tombstones were, however, found at the site, implying that Byzantine Christian influences were present at the time of the burials.

Bu küp qəbirlərdə əsasən uşaqlar dəfn olunmuşdur. Bəzi hallarda dünyasını dəyişmiş yaşlı insanlar da küplərdə dəfn edilmişdir, amma Güllüdərə məzarlığında yaşlı insanların küplərin içərisində dəfn olunduğuna dair heç bir dəlil aşkar olunmamışdır. Ölmüş yaşlı insanların dəfni üçün ən adi qayda sadə bir torpaq qəbirin qazılması və mərhumun qəbirin bir tərəfində bükülmüş halda, ana bətnində olduğu vəziyyətdə yerləşdirilməsidir. Maraqlıdır ki, Dəmir dövrünə aid bir qəbir istisna olmaqla, bütün qəbirlər şimaldan cənuba doğru istiqamətdə yerləşdirilmişdir və bu da sübut edir ki, Güllüdərə sakinlərinin o vaxt mütəşəkkil inanc sistemi, ölümdən sonrakı həyat barədə xüsusi düşüncələri olmuşdur.

Güllüdərədə Orta əsrlər məskunlaşma dövrünü təhlil etmək daha çətindir. Bir neçə Ellinist üslublu tikilinin bünövrəsi movcud olsa da, onlar o dərəcədə zədələnmişlər ki, anlamlı nəticələr çıxarmaq mümkün deyil. Bu dövrə aid qəbirlər Dəmir dövründən qalma qəbirlərlə müqayisədə daha az məlumat verir. Bununla belə, sahədə bir neçə xristian qəbirüstü daş kitabələr tapılmışdır və bunlar ehtimal etməyə əsas verir ki, həmin şəxslər dəfn edildiyi zaman burada Bizans xristian təsirləri mövcud olmuşdur.

This stone seal depicting a horse was found on the chest of a skeleton in an Iron Age grave in Güllüdere. A hole on the reverse side could have been used to suspend the stone.

Üstündə at təsviri olan bu daş möhür Güllüdərədə Dəmir dövründə dəfn edilmiş bir insanın sinə nahiyəsində tapılmışdır. Bu möhürün arxa tərəfində bir dəlik var və yəqin ki, ondan daşı asmaq üçün istifadə olunmuşdur.

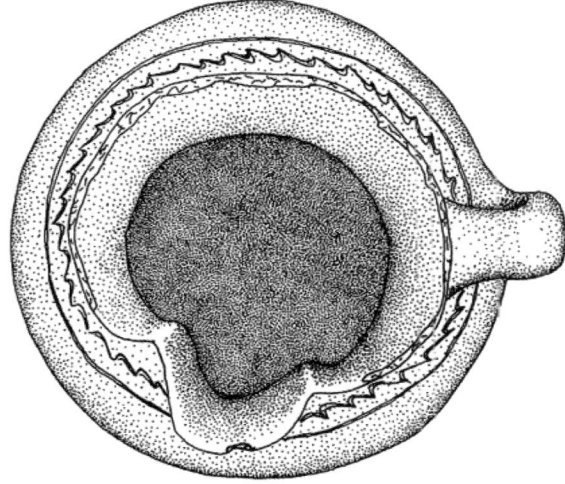

This drawing shows a utilitarian Medieval terracotta jug with a folded mouth and incised decorations around its shoulder. It was thrown on a potters wheel and then burnished or polished.

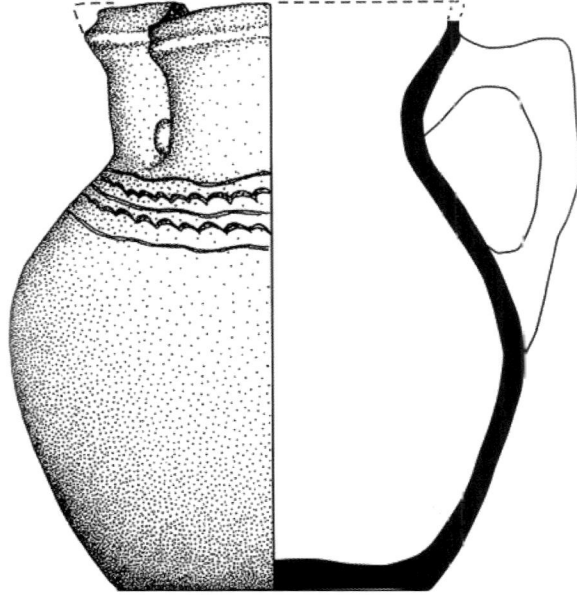

Bu şəkildə məişətdə istifadə edilən Orta əsrlərə aid yonca yarpağı formasında gil parç, onun əyri ağzı və qulpunun ətrafında oyma naxışları əks olunmuşdur. Bu məişət təyinatlı qab fırlanan dulus dəzgahının üstündə hazırlanmış, sonra isə bişirilmiş və ya cilalanmışdır.

0 1 2 3 4 5 cm

This site plan depicts a large Iron Age complex of
domestic structures, with associated courtyards.
There is at least one hearth and one burial site in
the complex. Excavators concluded that the
structures' walls were probably made of stone,
given the apparent absence of mud brick.

Sahənin bu planında Dəmir dövrünə aid olduğu
ehtimal edilən məişət tikililərinin böyük bir
kompleksi və tikililərlə əlaqədar daxli həyətlər təsvir
olunur. Bu kompleksdə ən azı bir soba və bir qəbir
var. Arxeoloji qazıntı aparmış şəxslər çiy kərpic
aşkar etmədiklərinə görə, bu nəticəyə gəlmişlər ki,
tikililərin divarları daşdan hörülmüş ola bilər.

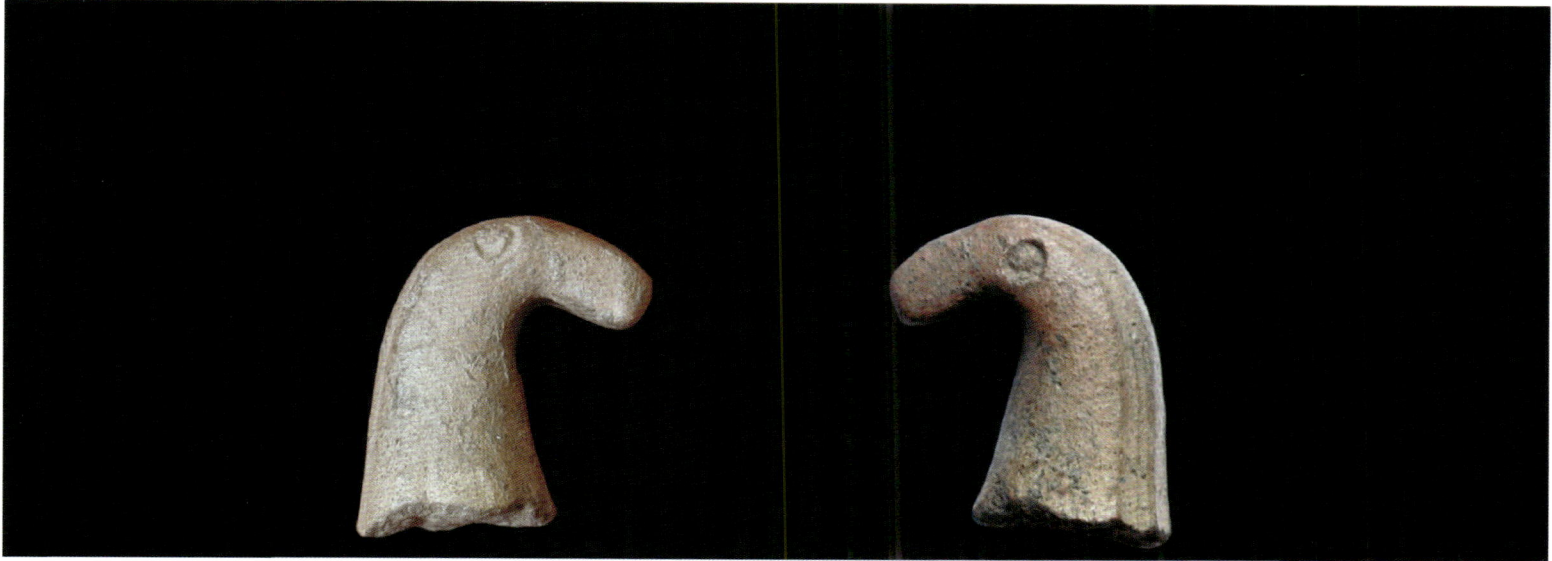

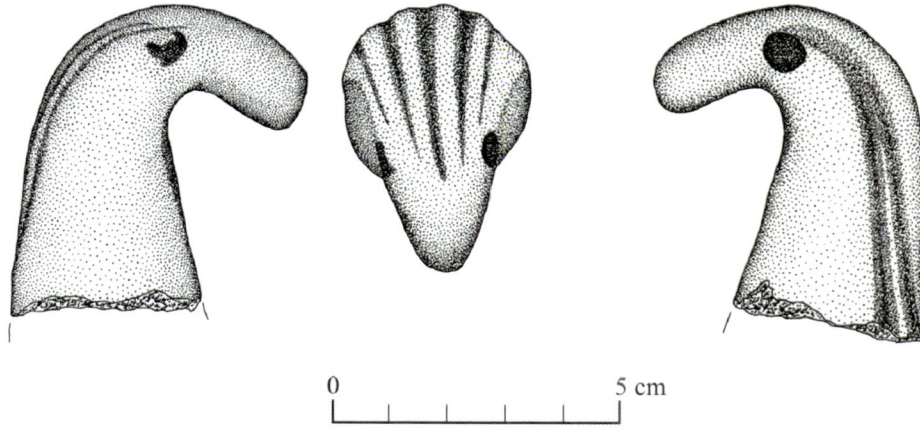

0   5 cm

Ziyaretsuyu

The Romans were famous for their paved roads and intricate trade systems, concepts that seem elementary today but were truly innovative 2000 years ago. The roads were crucial to Rome's military efficiency and commercial prosperity. In 2003, at the Ziyaretsuyu settlement, which was along one such Roman road in what is now the Sivas Province of central Turkey, a team from Gazi University unearthed two distinct and likely related structures. The sheer abundance of ceramics recovered from the two buildings suggests that the team uncovered only a fraction of what is likely a larger settlement. While the poor condition of the buildings' structures suggests that the people who lived within them were not wealthy, the site was probably densely populated.

Although archaeologists date the site primarily to the Roman Period, there is evidence it was active slightly earlier, in the 2nd century BC. Architectural and ceramic elements there display some Hellenistic characteristics, and a coin found in the same cultural stratigraphic layer as the excavated buildings and dated from between 105 BC and 70 BC portrays the image of Hercules. Unfortunately, the coin was so damaged that vital information such as the location of the mint was not recoverable. The coin also indicates that Ziyaretsuyu was a place of commerce linked to Roman and Greek societies. If so, why were there so few architectural and metallic remnants? Historians suggest that the answer lies in the geographical position of the settlement.

This terracotta statuette of a woman is characteristic of Hellenistic figurines in the region. The woman appears to be wearing a cloak over her left shoulder, a common fashion for married women.

Bu kiçik terrakota qadın heykəli ərazidəki Ellin heykəlciklərinə xarakterikdir. Qadının sol çiynindən üst örtüyü atdığı görünür ki, bu da evli qadınların ümumi geyim tərzi idi.

Ziyarətsuyu

Romalılar özlərinin döşəmə yolları ilə və bu yollara dəstək verən mürəkkəb ticarət sistemləri ilə məşhur olmuşlar – bugün bəsit görünən həmin konsepsiyalar 2000 il bundan öncə doğrudan da mütərəqqi və səmərəli idi. Bu yollar Roma imperiyasının hərbi fəaliyyətinin səmərəliliyi və ticarətin çiçəklənməsi üçün açar rolunu oynamışdır. İndi mərkəzi Türkiyənin Sivas bölgəsinin yerləşdiyi belə bir Roma yolu boyunca Ziyarətsuyu sahəsində 2003-cü ildə Qazi Universitetinin bir qrup tədqiqatçısı tərəfindən iki ayrıca, amma güman ki, bir-biri ilə bağlı olan tikili aşkar olunmuşdur. Bu iki tikilidən aşkar edilmiş saxsı qabların bolluğu göstərir ki, qrup yalnız ehtimal olunan daha böyük yaşayış məskəninin bir hissəsini aşkar etmişdir. Tikililərin pis vəziyyətdə olması orada yaşamış insanların varlı olmadığını göstərsə də, sahə yəqin ki, insanların sıx məskunlaşdığı bir yer olmuşdur.

Arxeoloqlar sahənin tarixini əsasən Roma dövrünə aid etsələr də, bu sahənin bir qədər öncə – e. ə. II əsrdə fəal bir sahə olduğuna dair dəlillər var. Sahədə aşkar olunmuş memarlıq və saxsı elementləri özlərində bəzi Ellinist xüsusiyyətləri əks etdirir. Eyni mədəni stratiqrafik qatda tapılmış və üstündə Herkulesin təsviri olan bir metal pulun tarixi e. ə. 105–70-ci illərə gedib çıxır. Təəssüf ki, bu metal pul elə zədələnmişdir ki, onun kəsildiyi yer (zərbxana) haqqında mühüm əhəmiyyət daşıyan məlumatı əldə etmək mümkün olmamışdır. Eyni zamanda, bu metal pul göstərir ki, Ziyarətsuyu Roma və Yunan cəmiyyətləri ilə bağlı bir ticarət məkanı olmuşdur. Elə isə memarlıq və metal qalıqları niyə bu qədər az

This display shows a sample of the diverse pottery types found at Ziyarеtsuyu. The sheer volume and variety of the ceramic vessels suggest a densely populated settlement along a trade route.

Bu təsvir Ziyarətsuyu ərazisində aşkar edilmiş müxtəlif saxsı qab növlərinə dair nümunəni göstərir. Saxsı küplərin bolluğu və müxtəlifliyi ticarət yolu boyunca yerləşən sıx məskunlaşmış yaşayış məskənini göstərir.

Ziyaretsuyu was situated in a region neighboring the highland Galatians to the west and Cappadocians to the south. Consistent pillaging by these advanced societies likely affected the residents of Ziyaretsuyu and could explain the scarcity of prestige items, such as jewelry and other metallic objects, along with construction styles consistent with a simple seasonal (hence poor) settlement. With warfare continuously destroying their structures, the residents might have had less incentive or economic ability to rebuild lavish homes. These theories are, however, speculative, and will surely benefit from additional research and excavation at Ziyaretsuyu and related sites.

olmuşdur? Tarixçilər hesab edirlər ki, sualın cavabını yaşayış məskəninin coğrafi mövqeyi ilə bağlılıqda axtarmaq lazımdır. Ziyarətsuyu qərbdə dağlıq Qalat və cənubda Kapadokya ilə qonşu bölgədə yerləşirdi. Bu inkişaf etmiş cəmiyyətlər tərəfindən ardıcıl talanların Ziyarətsuyunun sakinlərinə təsir etməsi ehtimal olunur. Bu, sadə mövsümi (buna görə də yoxsul) yaşayış sahəsinə uyğun zinət əşyaları və digər metal əşyalar kimi diqqət çəkən əşyaların və tikinti üslublarının azlığı ilə izah oluna bilər. Tikililəri davamlı şəkildə yerlə yeksan edən müharibələrin getdiyi vaxtda sakinlərin cah-cəlallı evlər tikmək üçün imkanı və ya iqtisadi gücü az olmuş ola bilər. Bununla belə, fərziyyələr ehtimal xarakterlidir və heç şübhəsiz ki, Ziyarətsuyunda və əlaqədar sahələrdə əlavə tədqiqat və arxeoloji qazıntılar bu fərziyyələrin əsaslandırılmasına kömək edə bilər.

A few ceramic vessels discovered at Ziyaretsuyu were decorated with the ivy heart-shaped motif are shown here. This rare style is a remnant of an Iron Age ceramic tradition that persisted into the Roman Period in some areas.

Burada isə Ziyarətsuyu ərazisində aşkar edilmiş üzəri ürəkşəkilli çələng motivləri ilə bəzədilmiş bir neçə saxsı küp göstərilir. Bu nadir üslüb Dəmir dövrünə aid olan və bəzi ərazilərdə Roma dövrünə qədər gəlib çatan ənənəvi saxsı məmulatların izidir.

Note the eagle head tips on this bronze object, possibly a broken handle from a metallic vessel. The lower portion of the object (not seen in this image) displays the face of a helmeted soldier.

Qeyd etmək lazımdır ki, bu tunc əşyadakı qartal başlı ucluqlar ola bilsin ki, metal küpün sınmış dəstəyidir. Əşyanın aşağı hissəsində (bu təsvirdə görünmür) dəbilqəli əsgər sifəti təsvir olunub.

Yüceören

The necropolis of chamber tombs at Yüceören, Turkey, dating from the Hellenistic and Roman periods (approximately 3rd century BC to 4th century AD), is located near Ceyhan, not far from the Mediterranean terminus of the pipelines. Excavated by archaeologists from Gazi University as part of the pipeline project, the chamber tombs reflect considerable investment in the final disposition of the dead. Large spaces were cut into the bedrock, there were passageways, often with steps, and stone doors closed off the burial chambers. The chambers in most cases contained one or more niches to hold the dead. It appears that the deceased were often placed in coffin-like terracotta sarcophagi. The discovery of an antechamber with the disturbed remains of nearly two dozen people suggests that, over the long history of use of the tombs, individuals' remains were moved in order to reuse the burial niches. This antechamber appeared to be the only one of the 16 excavated tombs that had not been robbed in antiquity.

This winged youth depicted on a carnelian stone set in a ring from the 1st century AD is Eros, the Roman Cupid and son of Aphrodite. Eros was associated with love, lust, and fertility.

Eramızın I əsrinə aid olan bu üzüyün əqiq qaşının üstündə əks olunmuş qanadlı gənc romalıların Məhəbbət allahı Erosdur. Bəzi əsatirlərdə Afroditanın oğlu olan Eros məhəbbət, ehtiras və məhsuldarlıq simvolu hesab olunur.

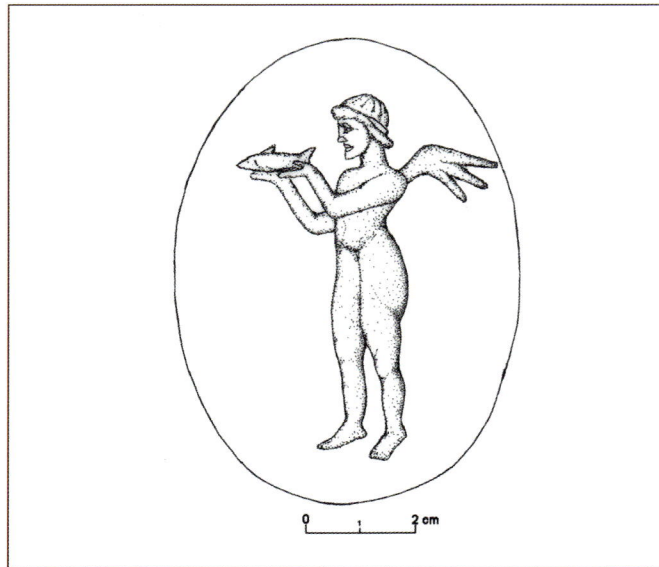

Yüceören

Türkiyənin Yüceören bölgəsində olan nekropol boru kəmərlərinin Aralıq dənizi sahilində Ceyhan yaxınlığındakı terminaldan bir qədər aralı yerləşir. Bu qəbiristanın tarixi Ellinizm və Roma dövrlərinə (təxminən eramızdan əvvəl 3-cü əsrdən eramızın 4-cü əsrinə qədər) gedib çıxır. Burada boru kəməri layihəsinin bir hissəsi olaraq Qazi Universitetinin arxeoloqları tərəfindən aparılmış arxeoloji qazıntılar nəticəsində aşkar edilmiş məzar kameraları ölünün ictimai vəziyyətinə uyğun xeyli sərmayə qoyulduğunu göstərir. Mərhum üçün sal qayada iri bir sahə kəsilib açılmış, eyni zamanda, məzar kameralara əksər hallarda pilləli keçidlər də daxil edilmişdir. Kameralar daş qapılarla bağlanmış və əksər hallarda orada ölünü saxlamaq üçün bir və ya bir neçə tərəcə olmuşdur. Görünür, dünyasını dəyişmiş şəxs əksər hallarda tabutabənzər gil sarkofaqın içərisinə yerləşdirilmişdir. Məzarın təxminən iyirmi cəsədin qalıqlarının yığıldığı ön hissəsinin aşkar olunması göstərir ki, məzarların istifadə olunduğu uzun tarix ərzində sapma qəbirlərin yenidən istifadə olunması məqsədilə bu insanların qalıqları oradan çıxarılmışdır. Ön hissəyə malik bu məzar kamerası qədim zamanlarda talana məruz qalmamışdır. O, qazıntılar zamanı aşkara çıxarılmış və qədim zamanlarda talan edilməmiş 16 məzar arasında ön hissəyə malik yeganə məzardır.

The necropolis at Yüceören is comprised of a series of tombs cut into the soft bedrock. In each tomb, a set of steps led down into a burial chamber.

Yüceören sahəsindəki qəbiristan yumşaq sal süxurda kəsilib açılmış silsilə qəbirlərdən ibarətdir. Hər bir qəbirdə aşağı istiqamətdə dəfn kamerasına gedən pillələr var.

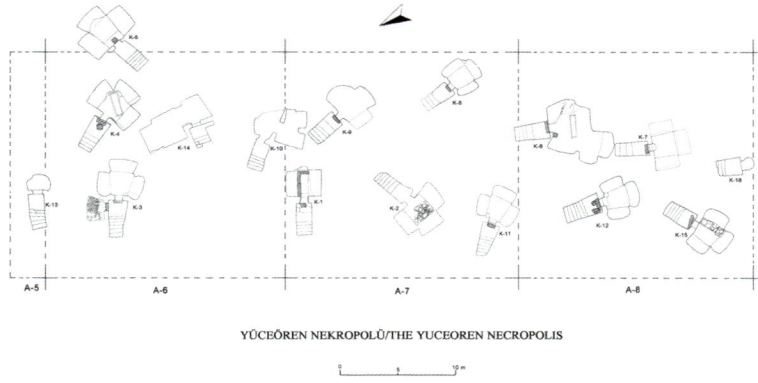

YÜCEÖREN NEKROPOLÜ/THE YUCEOREN NECROPOLIS

The opening to each burial chamber was closed by massive stones in antiquity. Tomb robbers moved most of the stones hundreds of years ago.

Qədim zamanlarda hər bir dəfn kamerasına gedən yol iri daşlarla bağlanırmış. Bu daşların çoxu yüzlərlə illər bundan öncə qəbir talançıları tərəfindən çıxarılmışdır.

Despite the extensive looting, the team from Gazi University recovered an interesting range of objects. They included coins dating from the Hellenistic Period (late 3rd century BC) to the Roman Imperial Period (early 2nd century AD). The coins may have been placed in the graves to pay for passage into the underworld. Other finds included glass and ceramic unguentaria (jars for oils and lotions), which may have been left in the graves after final treatment of the bodies, and small portable lamps that family members who placed the bodies in the tombs may have left behind. One of two clay figurines depicts a child riding a horse and wearing a headdress of ivy leaves; it may have been made in the Turkish city of Tarsus during the late 2nd century BC.

Near the Yüceören site, the BTC pipeline bringing oil from the Caspian ends at the Mediterranean coast, the terminus of this massive engineering feat that has transformed the region's economic landscape, and has contributed so greatly to our understanding of the cultural history of the countries through which the pipeline passes.

Məzarlarının çoxunun talanmasına baxmayaraq, Qazi Universiteti tərəfindən aparılan arxeoloji qazıntılar zamanı maraqlı əşyalar aşkar edilmişdir. Bunların sırasına tarixi Elliniszm dövründən tutmuş (e. ə. III əsrin sonu) Roma imperiyası dövrünə (eramızın II əsrinin əvvəli) qədər gedib çıxan sikkələr daxildir. Tapılmış sikkələr qəbirlərə "yeraltı səltənətə" - o dünyaya keçmək üçün "ödəniş vermək" məqsədilə qoyulmuş ola bilər. Digər tapıntılar arasında ölülər son olaraq təmizləndikdən sonra qəbirlərə yerləşdirilmiş ola bilən şüşə və saxsı məlhəm qabları (yağ və ətir üçün dolçalar) və ölmüş insanların nəşlərini məzarlara yerləşdirmiş ailə üzvləri tərəfindən qoyulması güman edilən əldə gəzdirilən kiçik ciraqlar var. Gildən düzəldilmiş iki heykəlcikdən birində at çapan, sarmaşıq yarpaqlarından başlıq taxmış bir uşaq təsvir olunmuşdur ki bu, e. ə. II əsrin sonunda Türkiyənin Tarsus şəhərində hazırlanmış ola bilər.

Yüceören sahəsinin yaxınlığında Xəzərdən neft daşıyan BTC boru kəməri Aralıq dənizi sahilindəki terminalda başa çatır. Bu nəhəng texniki terminal regionun iqtisadi mənzərəsini dəyişdirmiş və bizim boru kəmərinin keçdiyi ölkələrin mədəniyyət tarixini başa düşməyimizə çox böyük kömək göstərmişdir.

This photograph shows a kline, which is a niche cut into the walls of a burial chamber where the remains of individuals were placed, instead of in a sarcophagus.

Bu *tərəcə* dəfn kamerasının divarlarında kəsilib açılmışdır. Vəfat etmiş şəxslərin qalıqları sarkofaq əvəzinə bu tərəcəyə qoyulurdu.

This terracotta figurine depicts a child riding a horse and wearing a cape and possibly an ivy garland. The figurine probably dates from the period of Roman burials at the site, beginning in the 2nd century AD.

Bu gil fiqurda at üstündə, başlıq və yəqin ki, sarmaşıq çələngi taxmış uşaq təsvir olunmuşdur. Bu gil fiqurun tarixi, ehtimal ki, eramızın II əsrinin əvvəlinə - romalıların burada dəfn olunduğu dövrə gedib çıxır.

The remains of a large jar are lifted carefully from an excavation block in Georgia.

Gürcüstan arxeoloji qazıntı sahəsində böyük bir küpün qalıqları ehtiyatla torpaqdan yuxarı qaldırılır.

The site of Ziyaretsuyu in Sivas Province, Turkey, painstakingly excavated, was one of the sites in the pipeline corridor that yielded important discoveries.

Boru kəməri dəhlizinin Türkiyənin Sivas bölgəsindəki Ziyarətsuyu sahəsi o ərazilərdəndir ki, burada qazıntı işləri diqqətlə aparılmış və mühüm əhəmiyyətə malik yeni tapıntılar aşkar edilmişdir.

St. George's Church at Tadzrisi Monastery, restored as part of BP and its coventurers' cultural heritage program in Georgia, continues to play an important role for worshippers in the local community. This ceremony took place after restoration of the sacred monument was completed.

Gürcüstanda BP və tərəfdaşları tərəfindən maliyyələşdirilmiş mədəni irs proqramının bir hissəsi kimi bərpa olunmuş Tadzrisi kilsəsi yerli icmanın ibadətçləri üçün əhəmiyyətli rol oynamaqda davam edir. Bu mərasim müqəddəs abidənin bərpası tamamlandıqdan sonra olmuşdur.

CHAPTER 4

Nurturing a Shared Heritage

Archaeology allows people to learn more about past civilizations and the story of humankind. It provides a sense of identity and understanding not just of human diversity, but also of the interconnectedness of societies over time. It can be used to mobilize tourism and economic development. And it can be used to advance the discovery and application of scientific techniques.

FƏSİL 4

Ümumi İrsə Qayğı

Arxeologiya insanların keçmiş sivilizasiyalar və bəşəriyyətin tarixi haqqında daha çox şey öyrənməsinə imkan yaradır. Arxeologiya həm insanların həyat tərzinin müxtəlif xüsusiyyətlərinin, həm də zaman keçdikcə cəmiyyətlərin qarşılıqlı surətdə bir-biri ilə bağlı olmasının müəyyənləşdirilməsini və başa düşülməsini təmin edir. Eyni zamanda, arxeologiya elmi üsulların aşkar edilməsi və tətbiq olunması üçün istifadə oluna bilər.

Najaf Museyibli (left) and Fikret Orujov explain the Azerbaijani archaeological recovery process to a reporter.

Nəcəf Müseyibli (solda) və Fikrət Orucov Azərbaycanda arxeoloji tapıntının çıxarılması prosesini reportyora izah edir.

The pipeline project marks a significant advance in archaeology in the Caucasus, and has helped cast new light on the region's past. Through exemplary excavation, multi-disciplinary analysis of findings, and dissemination through a wide range of media, most notably exhibitions and publications, the project has increased understanding of the region's archaeological record.

Equally important, through the AGT Pipelines Archaeology Program, the project is playing a critical role in building capacity by nurturing institutions in the host countries so that they are better able to work on their own consistent with international standards. The project has gone beyond the immediate requirements specific to the archaeological work to undertake, as well, long-term engagement to strengthen local institutions that deal with the environment, cultural heritage, material culture, scientific, educational, and other areas relevant to the project. Local professionals have been able to extend their knowledge in many areas, such as project management; analyses and syntheses of findings; and conservation of the artifacts found. Azerbaijan, Georgia, and Turkey are now positioned to approach archaeological projects with greater creativity and flexibility. Increased commitment will enable them to fully utilize the talents of well-trained professionals to uncover more of their fascinating pasts. The AGT Pipelines Archaeology Program will continue to emphasize capacity-building of organizations in the cultural heritage sector. This chapter reviews the specific efforts developed for each country and the wider public outreach initiatives.

Boru kəməri layihəsi Qafqazda arxeologiya sahəsində əhəmiyyətli irəliləyişə nail olmuş və regionun keçmişinə yeni işıq salınmasına kömək etmişdir. Nümunəvi arxeoloji qazıntılar, arxeoloji tapıntıların çox tərəfli analizi, məlumatların geniş diapazonlu kütləvi informasiya vasitələrində yayılması, gözəl sərgilər və nəşrlərin təşkil edilməsi yolu ilə layihə regionun arxeoloji əhəmiyyətinin başa düşülməsi səviyyəsini artırmışdır.

Eyni dərəcədə əhəmiyyətli AGT boru kəmərləri layihəsinin arxeoloji proqramı ilə layihə boru kəmərlərinin keçdiyi ölkələrdə müvafiq qurumlara qayğı göstərməklə, qabiliyyətlərin yaradılmasında önəmli rol oynayır ki, onlar müstəqil şəkildə beynəlxalq standartlara uyğun surətdə daha yaxşı işləyə bilsinlər. Buna görə də, məsələ layihənin xüsusi tələblərinə uyğunluqdan kənara çıxaraq ətraf mühit, mədəni irs, maddi mədəniyyət, elm, təhsil və ya layihə üçün müvafiq digər sahələr ilə məşğul olan yerli qurumları gücləndirmək məqsədilə onları uzun müddətə işə cəlb etmək məqsədi daşıyır. Yerli peşəkarlar layihənin idarə olunması, tapıntıların təhlil edilməsi və nəticələrin ümumiləşdirilməsi, tapılmış maddi mədəniyyət qalıqlarının konservasiya olunması kimi çoxlu sahələrdə öz biliklərini artıra və genişləndirə bilmişlər. İndi Azərbaycan, Gürcüstan və Türkiyə arxeoloji layihələrə daha böyük yaradıcılıq və çevikliklə yanaşmaq mövqeyi tutmuşdur. Artan öhdəlik və məsuliyyət onların yaxşı təlim keçmiş peşəkarların istedadlarından tam şəkildə istifadə edərək özlərinin heyrətamiz keçmişlərinin daha böyük hissəsini aşkar edə bilməsinə imkan yaradacaq. AGT boru kəmərləri layihəsinin arxeoloji proqramı mədəni irs sektorunda təşkilatların qabiliyyətlərinin artırılması məsələsinin ön plana çəkilməsini davam etdirəcək. Bu fəsildə hər bir ölkə üçün qabiliyyətlərin artırılması ilə bağlı işlənib hazırlanmış xüsusi tədbirlər və geniş ictimaiyyət üçün nəzərdə tutulmuş tədbirlər nəzərdən keçirilir.

David Maynard, an archaeologist from Wales, assisted BP with the administration of the cultural heritage program in Azerbaijan from the start of pipeline planning through the preparation of technical reports.

Uelsli arxeoloq Devid Meynard boru kəmərinin planlaşdırılmasının başlanğıcından texniki hesabatların hazırlanmasına qədər olan müddət ərzində Azərbaycanda mədəni irs proqramının idarə olunmasında BP şirkətinə kömək etmişdir.

Azerbaijan

In Azerbaijan, BP and its coventurers have sponsored scientific efforts to study the archaeological finds of the project and undertaken capacity-building measures to strengthen local institutions in the region. For example, over 100 scholars from Azerbaijan and the broader Caucasus region attended a 2005 Conference on Archaeology, Ethnology, and Folklore. Other efforts have deepened the capabilities of the institutions responsible for long-term preservation of artifacts and their presentation to the public. The refurbishment of the Museum of History and Local Studies located in the Goranboy District, which preserves and displays finds from the nearby excavation site of Borsunlu Kurgan, is an example. This initiative was part of a broader effort to facilitate the establishment of standards for collections management at the Institute of Archaeology and Ethnography in Baku, which manages numerous collections from project excavations. The Institute also received equipment and expertise needed to properly maintain the collections: a conservation laboratory was established and outfitted; protocols for long-term conservation of collections developed; and five archaeologists given conservation training.

Education and public outreach—making information about the excavation sites in Azerbaijan available to the public—were other important areas of activity. This book and the associated website are two examples of this effort. The Caspian Energy Center in the Sangachal oil and gas terminal at the edge of the Caspian Sea provides visitors, including thousands of school children, with engaging exhibition and educational activities that explain the significance of the pipelines and the cultural heritage unearthed during its construction.

Azərbaycan

BP şirkəti və tərəfdaşları Azərbaycanda boru kəmərləri layihəsi ərzində aşkar edilmiş arxeoloji tapıntıların öyrənilməsi üçün elmi işlərə maliyyə dəstəyi göstərmiş və regionda yerli təşkilatların güclədirilməsi məqsədilə bilik və bacarığın artırılması ilə bağlı tədbirlər görmüşlər. Məsələn, 2005-ci ildə Azərbaycandan və daha geniş Qafqaz regionundan 100-dən çox alimin iştirak etdiyi arxeologiya, etnologiya və folklora həsr olunmuş elmi konfrans keçirilmişdir. Maddi mədəniyyət nümunələrinin uzun müddət qorunub saxlanması və ictimaiyyətə təqdim edilməsinə görə məsuliyyət daşıyan qurumların bilik və bacarıqlarının dərinləşdirilməsi istiqamətində digər tədbirlər görülmüşdür. Məsələn, Goranboy rayonunda Tarix Diyarşünaslıq Muzeyinin (bu muzey yaxınlıqdakı Borsunlu kurqanının arxeoloji qazıntı sahəsindən aşkar edilmiş tapıntıları saxlayır və sərgiləyir) təmir olunması, Bakı şəhərində yerləşən Arxeologiya və Etnoqrafiya İnstitutunda (burada layihə ilə bağlı arxeoloji qazıntılar nəticəsində toplanmış çoxlu tapıntılar saxlanır) kolleksiyaların idarə olunması üçün standartların müəyyənləşdirilməsinə kömək göstərilməsi. Eyni zamanda, Arxeologiya və Etnoqrafiya İnstitutu bu kolleksiyaları müvafiq qaydada saxlamaq üçün tələb olunan avadanlıq və təcrübə ilə təmin edilmişdir: institutda bir konservasiya laboratoriyası yaradılmış və avadanlıqlarla təchiz edilmiş, kolleksiyaların uzun müddətə konservasiyası üçün protokollar hazırlanmış, beş nəfər arxeoloqa konservasiyaya dair təlim kursu keçilmişdir.

Fəaliyyətin digər bir əhəmiyyətli sahəsi maarifləndirmə və məlumatların ictimaiyyətə açıqlanması işi olmuşdur – Azərbaycanda arxeoloji qazıntı sahələri haqqında məlumatlar ictimaiyyətə çatdırılmışdır. Bu kitab və əlaqədar vebsayt görülmüş işlərin nəticələrindən ikisidir. Digər bir nəticə isə Xəzər dənizinin sahilində Səngəçal neft və qaz terminalındakı Xəzər Enerji Mərkəzidir. Mərkəzdəki sərgi və tədris işləri buraya gələn minlərlə məktəbli də daxil olmaqla, qonaqlara boru kəmərlərinin, onların tikintisi zamanı aşkar olunmuş mədəni irsin əhəmiyyətini izah edir.

Recovery of large storage vessels from a site near Tovuz, Azerbaijan, required painstaking extraction and preservation.

Azərbaycanda Tovuz rayonunun yaxınlığındakı sahədə aşkar edilmiş böyük təsərrüfat küplərinin çıxarılması diqqətlə seçilmiş metodlardan istifadə olunmasını tələb etmişdir.

Excavations near Gyrag Kasaman, Azerbaijan, exposed several burial sites from the Antique Period.

Azərbaycanda Qiraq Kəsəmən kəndi yaxınlığında qazıntı işləri zamanı Antik dövrə aid bir neçə qəbir aşkar olunmuşdur.

The Nizami Museum of Literature in Baku, Azerbaijan, is named for the 12th century poet from Ganja, considered the greatest romantic epic poet.

Azərbaycanın paytaxtı Bakı şəhərində yerləşən Ədəbiyyat Muzeyi Gəncədən olan 12-ci əsrin görkəmli şairi Nizami Gəncəvinin adını daşıyır.

Archaeologists from Georgia's Center for Archaeological Studies record a site along the BTC pipeline.

Gürcüstanın Arxeoloji Tədqiqatlar Mərkəzinin arxeoloqları BTC boru kəməri boyunca bir sahəni qeydə alırlar.

Azerbaijani and Georgian cultural heritage specialists observe CAT scanning equipment with Dr. Bruno Frohlich, Smithsonian Institution, during meetings at the Smithsonian Institution in October 2008.

Azərbaycanlı və Gürcüstanlı mədəni irs mütəxəssisləri 2008-ci ilin oktyabr ayında Smitsonian İnstitutunda keçirilmiş görüşlər ərzində Smitsonian İnstitutunun əməkdaşı Dr. Bruno Frohlix ilə birlikdə CAT skaner avadanlığını müşahidə edirlər.

Archaeologist Lali Akhalaia, Cultural Heritage Coordinator Dawn Alexander, Cultural Heritage Monitor Nino Erkomaishvili, and Project Director and Senior Architect Merab Bochoidze discuss the next steps during the restoration of Tadzrisi Monastery in Georgia.

Arxeoloq Lali Axalaia, Mədəni İrs üzrə koordinator Daun Aleksandr, Mədəni İrs məsələləri üzrə nəzarətçi Nino Erkomaişvili və Layihənin Direktoru və baş memar Merab Boçoidze Gürcüstanda Tadzrisi monastırının bərpası zamanı növbəti mərhələləri müzakirə edir.

The main fortress wall at Sakire in Georgia is tied by an archway to the wall that encircles the courtyard.

Gürcüstanda Sakiredə əsas qala divarı tağşəkilli keçidlə arxa həyəti əhatə edən divara birləşdirilmişdir.

Georgia

Georgian scholars, scientists, and preservationists had many of the same needs as their counterparts in Azerbaijan, but also some unique ones. For example, the project supported extensive architectural studies to minimize the impacts on standing monuments and furthered the restoration of specific historical structures on or near the pipeline route. The Georgian Cultural Heritage Protection Department played a large role in determining a route that would ensure that the most significant sites near the project right-of-way were avoided. Most efforts focused on planning protective measures for at-risk sites, and specific protection or mitigation measures were developed for each of them.

An excellent example is the approach taken to ensure conservation and preservation of the Tadzrisi Monastery complex. The complex consists of two churches standing side by side, St. George's (a three-nave basilica) and St. Mary's, as well as the ruins of a monastery building. The monastery was the most important ecclesiastic center in the 10th-15th centuries AD in Georgia; its origin is associated with eminent Georgian religious leaders in the Early Middle Ages. It was temporarily abandoned following an invasion by the Ottoman Turks in the 1550s. St. George's Church is the most prominent remnant of the monastery and a pilgrimage site for Georgians to this day. Although the ruins of the Monastery are not directly on the pipeline route, BTC/SCP funded conservation and restoration of both churches and the monastery's courtyard.

Gürcüstan

Gürcüstan tədqiqatçılarının, alimlərinin və qədim mədəniyyət abidələrinin qorunub saxlanması ilə məşğul olan mütəxəssislərinin də Azərbaycandakı həmkarları kimi eyni ehtiyacları var idi ki, bu ehtiyaclardan bəziləri bir qədər fərqli idi. Məsələn, layihə boru kəməri marşrutu üzərində və ya yaxınlığında qalan abidələrə təsirləri minimuma endirmək üçün geniş arxeoloji tədqiqatlara dəstək vermiş və xüsusi tarixi tikililərin bərpa olunmasına kömək göstərmişdir. Gürcüstan Milli İrsin Mühafizəsi Departamenti layihənin kəmər sahəsinin yaxınlığında yerləşən əhəmiyyətli sahələrin çoxundan yan keçilməsini təmin edəcək marşrutun müəyyənləşdirilməsində əhəmiyyətli rol oynamışdır. Əksər işlərdə əsas diqqət risk altında olan sahələr üçün qoruyucu tədbirlərin planlaşdırılması üzərində cəmləşmiş və o sahələrin hər biri üçün xüsusi mühafizə və ya təsirazaltma tədbirləri işlənib hazırlanmışdır.

İşin bu növünə yaxşı bir nümunə Tadzrisi monastr kompleksinin konservasiyasını və qorunub saxlanmasını təmin etmək üçün görülmüş tədbirdir. Bu kompleks yan-yana dayanan iki kilsədən (bazilika dizaynlı üç zallı Müqəddəs Georgi kilsəsi və Müqəddəs Mariya kilsəsi) və bir monastr binasının xarabalıqlarından ibarətdir. Monastr eramızın 10-18-ci əsrlərində Gürcüstanda ən əhəmiyyətli kilsə mərkəzi olmuşdur; bu monastrın mənşəyi İlk Orta Əsrlərdə Gürcüstanın görkəmli dini liderləri ilə bağlıdır. Bu monastr 1550-ci illərdə Osmanlı türklərinin hücumundan sonra müvəqqəti tərk olunmuşdur. Müqəddəs Georgi kilsəsi monastr kompleksinin diqqəti ən çox cəlb edən qalığıdır və bu günə qədər gürcülər üçün ziyarət sahəsidir. Monastrın qalıqları birbaşa boru kəməri marşrutunun üstündə olmasa da, BTC/CQBK layihəsi hər iki kilsənin və monastrın daxili həyətinin konservasiya və bərpa olunmasını maliyyələşdirmişdir.

The result is an aesthetically pleasing and historically accurate site with two fully operational historic churches. In a letter of gratitude to BP, local residents wrote, "This was a sign of great respect towards Georgian cultural heritage… [which] strengthened our positive attitude towards pipeline construction."

In addition to these preservation efforts, the project has supported two museum exhibitions of some of the exciting finds unearthed along the pipeline route. In 2005 the Janashia State Museum (now part of Georgian National Museum) hosted the "First Oil Celebration," where the Company presented an exhibition of outstanding archaeological finds. On July 2, 2009 the Georgian National Museum, together with BP and its partners, inaugurated the exhibition, "Pipeline Construction and Archaeological Finds" at the Samtskhe-Javakheti History Museum in Akhaltsikhe, in southern Georgia. The exhibition contains up to 800 artifacts from the Paleolithic to the Middle Ages that were unearthed during the pipeline construction. The museum itself was partially renovated for the occasion.

Nəticə estetik baxımdan qənaətbəxş və tarixi baxımdan iki tam funksional tarixi kilsəyə malik gözəl bir sahə olmuşdur. BP şirkətinə ünvanlanmış minnətdarlıq məktubunda yerli sakinlər yazmışdır: "Bu, Gürcü mədəni irsinə böyük hörmət əlamətidir…. və bu hörmət bizim boru kəmərinin tikintisinə müsbət münasibətimizi gücləndirmişdir."

Qədim mədəniyyət abidələrinin qorunub saxlanması işlərinə əlavə olaraq, layihə boru kəməri marşrutu boyunca aşkar edilmiş heyrətamiz tapıntıların bir neçəsinin muzeydə iki dəfə sərgilənməsinə dəstək vermişdir. 2009-cu il iyul ayının 2-də Gürcüstan Milli Muzeyi BP şirkəti və onun tərəfdaşları ilə birlikdə cənubi Gürcüstanda Axaltsixidəki Samtsxi-Cavaxeti Tarix Muzeyində "Boru kəmərinin tikintisi və arxeoloji tapıntılar" adlı sərgini təntənəli surətdə açmışlar. Sərgidə boru kəmərinin tikintisi ərzində aşkar edilmiş Paleolit və Orta Əsrlər dövrünə aid 800-ə qədər maddi mədəniyyət qalıqları nümayiş etdirilir. Muzeyin özü bu tədbir üçün qismən təmir olunmuşdur.

Specialists from Georgia's Center for Archaeological Studies clean and conserve artifacts from excavations in that nation.

Gürcüstanın Arxeoloji Tədqiqatlar Mərkəzinin arxeoloqları qazıntı işləri zamanı tapılmış maddi mədəniyyət qalıqlarını təmizləyərək konservasiya edirlər.

Restoring the domed roof of St. Mary's Church at Tadzrisi in Georgia involved replacing missing stones and securing loose ones.

Gürcüstanda Tadzrisidə Müqəddəs Mariya kilsəsinin günbəzli damının bərpa olunması çatışmayan daşların əvəz edilməsini və boşalmış daşların bərkidilməsini də əhatə edirdi.

Interior of the restored St. George church in Tadzrisi Monastery.

Gürcüstanda Tadzrisidə bərpa olunmuş Müqəddəs Mariya kilsəsinin daxili görünüşü.

Prior to restoration work, the small St. Mary's Church in Tadzrisi in Georgia, although overgrown with vegetation and in ruins, was still visited by local Georgians.

Gürcüstanda Tadzrisidə bərpa işlərindən əvvəl kiçik Müqəddəs Mariya kilsəsinin ətrafını kol-kos basmışdı və bura xarabazara çevrilmişdi, amma bərpa işindən öncə yerli gürcülər hələ də oranı ziyarət edirdilər.

This cross was inscribed into the sandstone above a lintel of St. George's Church in Tadzrisi in Georgia.

Bu xaç Gürcüstanda Tadzrisidə Müqəddəs Mariya kilsəsinin qapı çatqısının üstündəki qumdaşının içərisinə həkk olunmuşdur.

Yüceören site report published by Gazi University in 2006.

Yüceören sahə haqqında hesabat 2006-cı ildə Qazi Universiteti tərəfindən nəşr olunub.

BAKÜ - TİFLİS - CEYHAN HAM PETROL BORU HATTI PROJESİ
ARKEOLOJİK KURTARMA KAZILARI YAYINLARI: 1

BAKU - TBILISI - CEYHAN CRUDE OIL PIPELINE PROJECT
PUBLICATIONS OF ARCHAEOLOGICAL SALVAGE EXCAVATIONS: 1

YÜCEÖREN

DOĞU KİLİKYA'DA BİR HELENİSTİK - ROMA NEKROPOLÜ
A HELLENISTIC AND ROMAN NECROPOLIS IN EASTERN KILIKIA

S. YÜCEL ŞENYURT
ATAKAN AKÇAY, YALÇIN KAMIŞ

ANKARA
2006

Archaeologists from Georgia's Center for Archaeological Studies review data gathered along the pipeline.

Gürcüstanın Arxeoloji Tədqiqatlar Mərkəzinin arxeoloqları boru kəməri boyunca toplanmış göstəriciləri nəzərdən keçirirlər.

Turkey

Cultural heritage efforts in Turkey under the pipeline project have focused mainly on capacity building at the regional museums where most of the collections from the excavations were deposited. The museums are located in the provinces of Kars, Erzurum, Sivas, Kahramanmaras, and Adana, which lie along the route. The project began with needs assessments developed by the directorates for the museums, and has involved investment in equipment, training, and publications. The project undertook the capacity-building work in Turkey in conjunction with the Association of Archaeologists, Gazi University, and the British Institute of Archaeology, all in Ankara.

An additional result of the archaeology program in Turkey has been an internationally recognized series of illustrated publications on the sites excavated along the pipeline. The Smithsonian Institution's AGT project website (http://www.agt.si.edu) has posted original Azerbaijani, Georgian and Turkish excavation site reports.

Türkiyə

Türkiyədə mədəni irslə bağlı işlərdə əsas diqqət boru kəməri marşrutu boyunca qazılıb üzə çıxarılmış kolleksiyaların əksəriyyətinin saxlandığı əyalət muzeylərinin bilik və bacarıqlarının artırılması üzərində cəmləşdirilmişdir.
Bu işlər əsasən marşrut boyunca yerləşən bölgələrdə - Qars, Ərzurum, Sivas, Qəhrəman Maraş və Adanada həyata keçirilmişdir.
Layihə bu əyalət muzeylərinin rəhbərləri tərəfindən müəyyələşdirilmiş ehtiyacların qiymətləndirilməsinə başlamış və avadanlıqlara, təlim kurslarına və nəşrlərin hazırlanmasına sərmayələr cəlb etmişdir. Türkiyədə bilik və bacarıqların artırılması işi Arxeoloqlar Cəmiyyəti, Ankara Qazi Universiteti və Britaniya Arxeologiya İnstitutu ilə birlikdə həyata keçirilmişdir.

Türkiyədə arxeoloji proqramın əlavə bir nəticəsi boru kəməri boyunca arxeoloji qazıntılar aparılmış sahələr haqqında beynəlxalq aləmdə tanınmış illüstrasiyalı silsilə nəşrlərin hazırlanması olmuşdur. Azərbaycanda, Gürcüstanda və Türkiyədə arxeoloji qazıntı sahələri haqqında ilk hesabatlar Smitsonian İnstitutunun AGT layihəsinin vebsaytına (http://www.agt.si.edu) daxil edilmişdir.

Conclusion

As they wind their way through Azerbaijan, Georgia, and Turkey, the pipelines stand as symbols of a more prosperous and integrated future for the South Caucasus and eastern Anatolia. But the planning and construction of the pipelines have also had a major impact on understanding the past of the region, which has long been recognized as a heartland of ancient history. The cultural heritage component of the BTC and SCP pipelines project continues to fill, gaps in our knowledge of the civilizations that occupied these ancient lands. The project will have a lasting impact on archaeological science and institutions in the host countries. It will surely continue to encourage cooperation in understanding and appreciating this region's common heritage that is such an important part of the shared heritage of people everywhere.

Nəticə

Marşrutu Azərbaycan, Gürcüstan və Türkiyədən keçən boru kəmərləri Cənubi Qafqaz və Şərqi Anadolu üçün daha firavan və birgə gələcəyin rəmzi rolunu oynayır. Boru kəmərlərinin planlaşdırılması və inşa olunması prosesi isə uzun müddətdir ki, qədim tarixin ürəyi kimi tanınan regionun keçmişini başa düşməyimizə də ciddi təsir göstərmişdir. BTC və Cənubi Qafqaz boru kəmərləri layihəsinin mədəni irs komponenti bizim bir zamanlar bu qədim torpaqlarda məskunlaşmış sivilizasiyalar haqqında biliyimizdəki boşluğu doldurmaqda davam edir. Bu layihə tranzit əraziyə malik ölkələrdə arxeologiya elminə və qurumlarına davamlı təsir göstərəcəkdir. Əlbəttə ki, bu, sözgedən regionun bəşəriyyətin ümumi irsinin əhəmiyyətli bir hissəsi olan irsinin başa düşülməsi və qiymətləndirilməsinə imkan yaradan əməkdaşlığı təşviq etməyə davam edəcəkdir.

"Pipelines awaken ancient history" archaeological exhibition in the Caspian Energy Centre at BP operated Sangachal oil and gas terminal.

Operatoru BP olan Səngəçal terminalında yerləşən Xəzər Enerji Mərkəzindəki "Qədim tarix boru kəmərləri ilə oyanır" arxeoloji sərgi.

Acknowledgements

The volume presents information on some of the extraordinary treasures discovered during of the construction of the BTC and SCP pipelines and celebrates the new archaeological contributions uncovered during field work beginning in 2003 in Azerbaijan, Georgia, and Turkey. The volume is part of a larger cultural heritage program, sponsored by BP and its coventurers in the Caspian projects. The authors thank BP for its support of this publication, which provides examples of the historic sites and artifacts unearthed during the excavations and underscores the cultural connections among peoples from the region. We extend our sincere gratitude to BP staff: Ismail Miriyev, Elnara Huseynova and Nino Erkomaishvili for their advice and patience during the production of this book. They provided continuing encouragement as well as invaluable access to site materials and introductions to pertinent scholars, images, and ideas. Their cooperation and substantive comments greatly enriched and improved the book. We also thank Gunesh Alakbarova and Turkhan Ahmadov for proofreading the Azerbaijani text.

Minnətdarlıq

Bu kitabda BTC və CQ boru kəmərlərinin tikintisi zamanı aşkar olunmuş qeyri-adi tapıntıların bir neçəsi barədə məlumat verilir, Azərbaycan, Gürcüstan və Türkiyədə 2003-cü ildə başlanmış çöl işləri ərzində tapılmış yeni arxeoloji sahələr qeyd olunur. Bu kitab BP şirkəti və onun Xəzər layihələrindəki tərəfdaşları tərəfindən sponsorluq edilən daha böyük mədəni irs proqramının bir hissəsidir. Müəlliflər arxeoloji qazıntılar zamanı aşkar edilmiş tarixi sahələr və maddi mədəniyyət qalıqlarının nümunələri verilən, regionun xalqları arasında mədəni əlaqələr işıqlandırılan bu nəşrə verdiyi dəstəyə görə BP şirkətinə təşəkkür edirlər. Biz bu kitab hazırlandığı müddət ərzində verdikləri məsləhətlərə və göstərdikləri dözümə görə BP şirkətinin əməkdaşları İsmayıl Miriyevə, Elnarə Hüseynovaya və Nino Erkomaişviliyə səmimi təşəkkürlərimizi yetiririk. Onlar davamlı dəstək verilməsini, sahə materialları, müvafiq alimlər, təsvirlər və ideyalar ilə tanışlığı təmin etmişlər. Onların əməkdaşlığı və məzmunlu qeyd və şərhləri bu kitabı əhəmiyyətli dərəcədə zənginləşdirmiş və yaxşılaşdırmışdır. Biz həmçinin Azərbaycan dilində olan mətni redaktə etdikləri üçün Günəş Ələkbərovaya və Turxan Əhmədova təşəkkür edirik.

The Smithsonian's preparation of the AGT archive database (used for the development of this book and its website, and shared with our counterpart institutions in Azerbaijan, Georgia, and Turkey) has benefitted from the support and expertise of Dr. Najaf Museyibli and Ziya Hajili at the Azerbaijan National Academy of Sciences Institute of Archaeology and Ethnography; Dr. Malahat Farajova, Director of the Gobustan National Historical-Artistic Preserve; Dr. David Lordkipanidze, General Director of National Museum of Georgia and Dr. Mikheil Tsereteli of the Georgian National Museum; and Dr. Vakhtang Shatberashvili of the Georgian Archaeological Research Center; and many others. For help with Georgian archaeological data, visiting researcher Irakli Pipia (Tbilisi State University) brought to the Smithsonian in Washington his helpfulness, good humor and tireless translations of Georgian archaeological site reports. Guram Kvirkvelia, an esteemed Georgian archaeologist, also provided assistance. Besarion Maisuradze, the Deputy General Director for Science and Head of the Archaeological Research Center, was always supportive. Mrs. Nino Nadaraia helped edit the Georgian texts. Chingiz Samadzada, an Azerbaijani photographer, and Gabriel Salinker, photographer at the Georgian National Museum, supplied many of the images for this book. The Embassies of Azerbaijan, Georgia, and Turkey in Washington, D.C., also furnished outstanding photographs. Mikheil Tsereteli, Tamara Kokochashvili, Giorgi Mindorashvili, and Teimuraz Gotsadze, all from Georgia, along with Najaf Müseyibli, Malahat Farajova, and Ziya Hajili from Azerbaijan, visited Washington, D.C. for two weeks in October 2008 to participate in our international museum capacity building program. Each also had a role in helping to prepare this volume. Continuing correspondence with David Maynard also helped the project from its initial conceptualization to its completion.

Smitsonian İnstitutu AGT arxiv məlumat bazasının (bu kitabın və onun vebsaytının hazırlanması üçün istifadə edilmiş, Azərbaycan, Gürcüstan və Türkiyədə tərəfdaş qurumlarımız ilə mübadilə olunmuş) hazırlanmasında Azərbaycan Milli Elmlər Akademiyasının Arxeologiya və Etnoqrafiya İnstitutunun əməkdaşları Nəcəf Müseyibli və Ziya Hacılının, Qobustan Milli Tarix və Mədəniyyət Qoruğunun direktoru Məlahət Fərəcovanın, Gürcüstan Dövlət Muzeyinin əməkdaşları David Lordkipanidzenin və Mixail Tseretelinin, Gürcüstan Arxeoloji Tədqiqatlar Mərkəzinin direktoru Vaxtanq Şatbəraşvilinin və bir çox şəxslərin dəstək və təcrübəsindən bəhrələnmişdir. Vaşinqtona səfər edən gürcüstanlı tədqiqatçı İrakli Pipia (Tbilisi Dövlət Universiteti) gürcüstan arxeoloji sahələri haqqında məlumatların Smitsonian institutuna gətirilməsinə kömək etmiş və gürcüstandakı arxeoloji sahələr haqqında hesabatları yaxşı əhval-ruhiyyə ilə və yorulmadan tərcümə etmişdir. Eyni zamanda, dəyərli gürcüstanlı arxeoloqu Quram Kvirkveliya da öz köməyini əsirgəməmişdir. Arxeoloji Tədqiqatlar Mərkəzinin baş direktorunun elmi məsələlər üzrə müavini Besarion Maysuradze həmişə dəstək vermişdir. Azərbaycanlı fotoqraf Çingiz Səmədzadə və Gürcüstan Dövlət Muzeyinin fotoqrafı Qabriel Salinker bu kitab üçün təsvirlərin çoxunu təmin etmişlər. Azərbaycan, Gürcüstan və Türkiyənin Vaşinqtondakı səfirlikləri də fotoşəkillər təqdim etmişlər. Mixail Tsereteli, Tamara Kokoçaşvili, Giorgi Mindoraşvili, Teymuraz Qotsadze, Nəcəf Müseyibli, Məlahət Fərəcova və Ziya Hacılı birlikdə bizim beynəlxalq muzeyin bilik və bacarığının artırılması proqramımızda iştirak etmək üçün 2008-ci ilin oktyabr ayında Vaşinqtona iki həftəlik səfər etmişlər. Eyni zamanda, onların hər biri bu kitabın hazırlanmasına da kömək etmişdir. Devid Meynard ilə davamlı yazışma da layihəyə onun ilkin konseptuallaşdırılmasından tamamlanmasına qədər kömək göstərmişdir.

All the authors sincerely thank Dr. Süleyman Yücel Şenyurt of Gazi University for his detailed and helpful comments as a peer reviewer for the Turkish sites and text and Dr. Vakhtang Shatberashvili for his careful review of the entire text. The Smithsonian team (Paul Michael Taylor, Christopher R. Polglase, Jared M. Koller, and Troy A. Johnson) extend our thanks to Dr. Najaf Museyibli of Baku's Institute of Archaeology and Ethnography, who joined us as co-author. This co-authorship is even more appropriate since the synthesizing efforts of all the authors derive, in the case of the Azerbaijani data, from largely unpublished field reports prepared by the institute represented by Dr. Najaf Museyibli. This book's content reflects our collegial understanding that, even though the periodization of history and the interpretation of specific archeological facts may vary within each country's traditions of scholarship, we all gain much from attempting to share and synthesize data across borders in ways that reflect and build our shared understanding.

Within the Smithsonian Institution, many merit our gratitude. Gregory P. Shook, Samantha Grauberger, and Lance Costello helped organize the October 2008 international museum capacity building program. Michael Tuttle, Webmaster of the Smithsonian Institution, along with Jared M. Koller, developed the website associated with this volume, a process that elicited numerous ideas later incorporated into this book. Christopher Lotis and Whitney Watriss meticulously copyedited the text. We benefited from the assistance of numerous other colleagues including Yeonkyung Bae, Delores Clyburn, Catherine Fletcher, Halina Izdebska, Daniele Lauro, Matt McInnes, Mark Mulder, Ian Parker, Zaborian Payne, Robert Pontsioen, Michelle Reed, Nancy Shorey, William Bradford Smith, Karen Sulmonetti, Saw Sandi Tun, and Janet Yoo.

Bütün müəlliflər Türk sahələri və mətni üzrə müstəqil rəyçi kimi müfəssəl, faydalı qeyd və təkliflərinə görə Qazi Universitetinin əməkdaşı Süleyman Yücel Şenyurta və bütöv mətni diqqətlə nəzərdən keçirdiyinə görə Vaxtanq Şatberaşviliyə təşəkkür edirlər. Smitsonian İnstitutunun qrupu (Pol Maykl Teylor, Kristofer R. Polqleyz, Cared M. Koller və Troy A. Conson) təşəkkürlərini Azərbaycan Arxeologiya və Etnoqrafiya İnstitutunun əməkdaşı, bu kitabın həmmüəllifi Nəcəf Müseyibliyə yetirir. Bu şərikli müəlliflik hətta daha müvafiq görünür, çünki bütün müəlliflərin Azərbaycanla bağlı məlumatlarla əlaqədar işlərinin ümumiləşdirilməsi Nəcəf Müseyibli tərəfindən təmsil olunan institut tərəfindən hazırlanmış və çox hissəsi çap edilməmiş çöl işləri haqqında hesabatlara əsaslanmışdır. Bu kitabın məzmunu bizim belə bir birgə anlayışımızı əks etdirir ki, hər bir ölkənin elmi ənənələri çərçivəsində tarixin dövrləşdirilməsi və xüsusi arxeoloji faktların interpretasiyasının fərqli ola biləcəyinə baxmayaraq, bizim hamımız sərhədlər aşan məlumatların mübadiləsi və ümumiləşdirilməsi üçün göstərilən səylərdən çox şey qazanırıq. O səylər ki, bizim birgə anlayışımızı əks etdirir və formalaşdırır.

Smitsonian İnstitutunda biz çoxlarına minnətdarıq. Qreqori Şuk, Samanta Qroberger və Lans Kostello 2008-ci ilin oktyabr ayında beynəlxalq muzeyin bilik və bacarığının artırılması proqramının təşkil olunmasına kömək etmişlər. Smitsonian İnstitutunun veb ustası Maykl Tatl Cared Koller ilə birlikdə kitabla əlaqədar vebsaytı işləyib hazırlamış və bu prosesdə sonralar kitaba daxil edilmiş çoxlu ideyalar irəli sürülmüşdür. Kristofer Lotis və Uitni Votris kitabın mətnini diqqətlə texniki redaktə etmişlər. Biz bir çox digər həmkarlarımızın, o cümlədən Yeonkyunq Bae, Delores Klaybern, Katerin Fletçer, Halina İzdebska, Daniel Lauro, Mət Makİnnes, Mark Mulder, İan Parker, Zaborian Peyn, Robert Pontsioen, Maykl Rid, Nənsi Şori, Vilyam Bradford Smit, Karen Sulmonetti, So Səndi Tun, Cənet Yu və başqalarının köməyindən yararlanmışıq.

Finally, appreciation and thanks go to Dr. Carole Neves, director of the Smithsonian's Office of Policy and Analysis, who played a vital role in introducing many of us to the Caucasus and who edited the text. Her commitment to the project and her comments, insights, and suggestions were of particular importance to the book's successful completion.

Nəhayət, Smitsonian Siyasət və Təhlil Departamentinin direktoru, bizim çoxumuzun Qafqazla tanış olmağımızda çox əhəmiyyətli rol oynamış və bu kitabın mətnini redaktə etmiş Kerol Nevesin əməyini yüksək qiymətləndirir və ona təşəkkürlərimizi yetiririk. Onun layihəyə sədaqəti və kitabın uğurla tamamlanması üçün qeydləri, məsələnin mahiyyətinə varmaq qabiliyyəti və təklifləri xüsusilə əhəmiyyətli olmuşdur.

Photo credits

Unless otherwise noted, all photographs in this book were provided by BP Exploration Caspian Sea Ltd., whose extensive photographs of cultural heritage efforts form a major portion of the photographic archive assembled under the Smithsonian's Azerbaijan-Georgia-Turkey (AGT) project, along with contributions from the Institute of Archaeology and Ethnography (Baku, Azerbaijan), Gobustan National Historical-Artistic Preserve (Baku, Azerbaijan), and the Georgian National Museum (Tbisili, Georgia). The Embassies of the Republic of Georgia (pp. 26, 40, 44-45, 80-81, 100, 104-105), and the Republic of Turkey (pp.10-11, 18-19, 26, 46-47, 107-111, 114, 118-119), the Smithsonian Institution (p. 194-195), Azerbaijan National Academy of Sciences Institute of Archaeology and Ethnography (p. 65) and Christopher R. Polglase (pp. 35, 41{on left}, 148) also contributed photographs.

Fotoşəkillər

Başqa cür qeyd olunmadığı halda, bu kitabdakı bütün fotoşəkillər BP Eksploreyşn Kaspian Si Ltd şirkəti tərəfindən təqdim olunmuşdur və onların mədəni irsə dair işlənmiş böyük fotoşəkil nümunələri Arxeologiya və Etnoqrafiya İnstitutunun (Bakı, Azərbaycan), Qobustan Milli Tarix və Mədəniyyət Qoruğunun (Bakı, Azərbaycan) və Gürcüstan Dövlət Muzeyinin (Tbilisi, Gürcüstan) verdiyi töhfələr ilə birlikdə Smitsonian İnstitutunun Azərbaycan-Gürcüstan-Türkiyə (AGT) layihəsi çərçivəsində toplanmış fotoşəkillər arxivinin əsas hissəsini təşkil edir. Gürcüstan Respublikasının səfirliyi (səh: 26, 40, 44-45, 80-81, 100, 104-105) və Türkiyə Cümhuriyyətinin səfirliyi (səh: 10-11, 18-19, 26, 46-47, 107-111, 114, 118-119), Smitsonian İnstitutu (səh: 194-195), Azərbaycan Milli Elmlər Akademiyasının Arxeologiya və Etnoqrafiya İnstitutunun (səh: 65), və Kristofer R. Polqleyz (səh: 35, 41 [sağdan sonuncu], 148) də fotoşəkillərlə yardım göstərmişlər.

Site Report Citations

Agdash (Azerbaijan, KP 194/200)
Mustafayev, Mikayil. 2006. *Agdash: Excavations of an Antique Period Jar Grave*. Baku.

Agili Dere (Azerbaijan, KP 358)
Huseynov, Fuad. 2007. *Excavations of Agili Dere Settlement Site*. Baku.

Akmezer (Turkey, KP 429)
Görür, Muhammet; Ekmen, Hamza. 2005. *Akmezer: A Hellenistic and Medieval Settlement in Cayirli*. Ankara: Gazi University Research Center for Archaeology.

Amirarkh (Azerbaijan, KP 204)
Huseynov, Muzaffar; Jalilov, Bakhtiyar. 2006. *Amirarkh: Excavations of an Antique Period Wooden Coffin Grave*. Baku.

Ashagi Kechili (Azerbaijan, KP 332.5)
Dostiyev, Tarikh. 2007. *Archaeological Work at Ashagi Kechili Settlement Site*. Baku.

Asrikchai (Azerbaijan, KP 377)
Museyibli, Najaf; Jalilov, Bakhtiyar; Agayev, Gahraman. 2007. *Excavations of Asrikchai Settlement Site*. Baku.

Atskuri Winery (Georgia, KP 211/212)
Licheli, Vakhtang ; Rcheulishvili, Giorgi; Kasradze, Merab; Rusishvili, R.; Kalandadze, Nino; Papuashvili, Nana; Kazakhishvili, L.; Gobejishvili, Gela. 2007. *Archaeological Investigation at Site IV-266/320, KP211/212, Atskuri Village, Akhaltsikhe Region*. Tbilisi, Otar Lordkipanidze Centre of Archaeology of the Georgian National Museum.

Borsunlu Kurgan (Azerbaijan, KP 272)
Qoşqarli, Qoşqar; Müseyibli, Nəcəf; Aşurov, Səfər. 2003. *Borsunlu Kurqani*. Baku, Elm Press.

Boyuk Kasik (Azerbaijan, KP 438)
Müseyibli, Nəcəf; Huseynov, Muzaffar. 2008. *Boyuk Kasik Report: On Excavations of Boyuk Kasik Settlement at Kilometre Point 438 of Baku-Tbilisi-Ceyhan and South Caucasus Pipelines Right Of Way* Baku.

Sahə Hesabatlarında İstinadlar

Ağdaş (Azərbaycan, km 194/200)
Mustafayev Mikayıl. 2006. *Ağdaş*: Antik Dövrə aid qəbirdə arxeoloji qazıntılar. Bakı.

Ağılı Dərə (Azərbaycan, km 358)
Huseynov Fuad. 2007. *Ağılı Dərə yaşayış məskəni sahəsində arxeoloji qazıntılar*. Bakı.

Akmezer (Türkiyə, km 429)
Görür Muhammet; Ekmen Həmzə. 2005. Ağməzar: Çayırlıda Ellinist və Orta Əsrlər dövrünə aid yaşayış məskəni. Ankara: Qazi Universitetinin Arxeoloji Tədqiqatlar Mərkəzi.

Əmirarx (Azərbaycan, km 204)
Hüseynov Müzəffər; Cəlilov Bəxtiyar. 2006. *Əmirarx: Antik Dövrə aid taxta qutu məzarda arxeoloji qazıntılar*. Bakı.

Aşağı Keçili (Azərbaycan, km 332.5)
Dostiyev, Tarix. 2007. *Aşağı Keçili yaşayış məskəni sahəsində arxeoloji işlər*. Bakı.

Əsrikçay (Azərbaycan, km 377)
Müseyibli Nəcəf; Cəlilov Bəxtiyar; Ağayev Qəhrəman. 2007. *Əsrikçay yaşayış məskəni sahəsində arxeoloji qazıntılar.* Bakı.

Atskuri şərab zavodu (Gürcüstan, km 211/212)
Liçeli Vaxtanq; Rçelişvili Giorgi; Kasradze Merab; Rusişvili R; Kalandadze Nino; Papuaşvili Nana; Kazaxişvili L.; Qobecişvili Gela. 2007. Axaltsıxı rayonunun Atskuri kəndində km 211/212-də yerləşən IV-266/320 saylı sahədə arxeoloji tədqiqatlar. Tbilisi, Gürcüstan Dövlət Muzeyinin Otar Lordkipanidze adına Arxeologiya Mərkəzi.

Borsunlu kurqanı (Azərbaycan, km 272)
Qoşqarlı Qoşqar; Müseyibli Nəcəf; Aşurov Səfər. 2003. Borsunlu kurqanı. Bakı.

Böyük Kəsik (Azərbaycan, km 438)
Müseyibli Nəcəfş. 2007. Böyük Kəsik eneolit dövrü yaşayış məskəni. Bakı.

Büyükardıç (Turkey, KP 270)
Şenyurt, S. Yücel. 2005. *Büyükardıç: An Early Iron Age Hilltop Settlement in Eastern Anatolia*. Ankara: Gazi University Research Center for Archaeology.

Chaparli (Azerbaijan, KP 335/336)
Aşurov, Səfər. 2008. *Chaparli Report: On Excavations of Late Antique and Early Medieval Period Chapel, Settlement and Burial Site at Kilometre Points 335/336 of Baku-Tbilisi-Ceyhan and South Caucasus Pipelines Right Of Way*. Baku.

Chivchavi Gorge Site (Georgia, KP 087)
Heritage Protection Department of Georgia. 2003. *Study of the Monuments within Baku-Tbilisi-Ceyhan Pipeline Route Corridor: Phase III. Report*. Tbilisi, Otar Lordkipanidze Centre of Archaeology of the Georgian National Museum.

Dashbulaq (Azerbaijan, KP 342)
Hajafov, Shamil; Huseynov, Muzaffar; Jalilov, Bakhtiyar. 2007. *Dashbulag Report: On Excavations of Dashbulag Settlement at Kilometre Point 342 of Baku-Tbilisi-Ceyhan and South Caucasus pipelines Right Of Way*. Baku.

Eli Baba (Georgia, KP 116)
Narimanashvili, Goderdzi. 2004. *Preliminary Report on Field Excavations of Tsalka – Trialeti Archaeological Expedition for the Season 2003 on Eli-Baba (Sabechdavi) Cemetery*. Tbilisi, Otar Lordkipanidze Centre of Archaeology of the Georgian National Museum.

Fakhrali (Azerbaijan, KP 289)
Jalilov, Bakhtiyar; Kvachidze, Viktor. 2007. *Excavations of Fakhrali Settlement*. Baku.

Garajamirli I & II (Azerbaijan, KP 321/323.57)
Agayev, Gahraman. 2006. *Excavations of Garajamirli I Settlement Site*. Baku.

Dostiyev, Tarikh. 2007. *Excavations of Garajamirli II Settlement*. Baku,

Girag Kasaman (Azerbaijan, KP 405/406)
Dostiyev, Tarikh; Kvachidze, Viktor; Huseynov, Muzaffar. 2007. *Girag Kasaman Report: On Excavations of Girag Kasaman Settlement at Kilometre Point 405 of Baku-Tbilisi-Ceyhan and South Caucasus pipelines Right Of Way*. Baku.

Böyükardıc (Türkiyə, km 270)
Şeryurt S. Yücel. 2005. Böyükardıc: Şərqi Anadoluda İlk Dəmir Dövrünə aid təpəüstü yaşayış məskəni. Ankara: Qazi Universitetinin Arxeoloji Tədqiqatlar Mərkəzi.

Çaparlı (Azərbaycan, km 335/336)
Aşurov Səfər. 2008. Çaparlı sahəsi haqqında hesabat: Bakı-Tbilisi-Ceyhan və Cənubi Qafqaz boru kəmərləri sahəsinin 335/336-cı kilometrində Son Antik və İlk Orta Əsrlər dövrünə aid kilsə, yaşayış məskəni və qəbiristan ilə bağlı arxeoloji qazıntılar. Bakı.

Çivçavi Gorge sahəsi (Gürcüstan, km 087)
Gürcüstan Mədəni İrsin Qorunması Departamenti. 2003. Bakı-Tbilisi-Ceyhan boru kəməri marşrutu dəhlizində abidələrin öyrənilməsi: Mərhələ III. Hesabat. Tbilisi, Gürcüstan Dövlət Muzeyinin Otar Lordkipanidze adına Arxeologiya Mərkəzi.

Daşbulaq (Azərbaycan, km 342)
Nəcəfov Şamil; Hüseynov Müzəffər; Cəlilov Bəxtiyar. 2007. Daşbulaq sahəsi haqqında hesabat: Bakı-Tbilisi-Ceyhan və Cənubi Qafqaz boru kəmərləri sahəsinin 342-ci kilometrində Daşbulaq yaşayış məskənində arxeoloji qazıntılar. Bakı.

Əli Baba (Gürcüstan, km 116)
Nərimanaşvili Qoderdzi. 2004. Əli Baba (Sabeçdavi) qəbiristanında 2003-cü il mövsümü üçün Tsalka-Trialeti arxeoloji ekspedisiyasının çöl qazıntı işləri haqqında ilk hesabat. Tbilisi, Gürcüstan Dövlət Muzeyinin Otar Lordkipanidze adına Arxeologiya Mərkəzi.

Faxralı (Azərbaycan, km 289)
Cəlilov Bəxtiyar; Kvaçidze Viktor. 2007. Faxralı yaşayış məskənində arxeoloji qazıntılar. Bakı.

I Qaracəmirli (Azərbaycan, km 321/323.57)
Ağayev Qəhrəman. 2006. I Qaracəmirli yaşayış məskəni sahəsində arxeoloji qazıntılar haqqında hesabat. Bakı.

Dostiyev Tarix. 2007. II Qaracəmirli yaşayış məskəni sahəsində arxeoloji qazıntılar haqqında hesabat. Bakı.

Qıraq Kəsəmən (Azərbaycan, km 405/406)
Müseyibli Nəcəf; Kvaçidze Viktor; Nəcəfov Şamil. 2008. İİ Qıraq Kəsəmən sahəsi haqqında hesabat: Bakı-Tbilisi-Ceyhan və Cənubi Qafqaz boru kəmərləri sahəsinin 406-cı kilometrində İİ Qıraq Kəsəmən yaşayış məskənində arxeoloji qazıntılar. Bakı.

Müseyibli, Nəcəf; Kvachidze, Viktor; Najafov, Shamil. 2008. *Girag Kasaman II Report: On Excavations of Girag Kasaman II Site at Kilometre Point 406 of Baku-Tbilisi-Ceyhan and South Caucasus pipelines Right Of Way*. Baku.

Güllüdere (Turkey, KP 354)
Şenyurt, S. Yücel; İbiş, Resul. 2005. *Güllüdere: An Iron Age and Medieval Settlement in Askale Plain*. Ankara: Gazi University Research Center for Archaeology.

Hajialili I, II & III (Azerbaijan, KP 300.98/301/302)
Dostiyev, Tarikh. 2006. *Excavations of Hajialili I Settlement*. Baku.

Mammadov, Arif; Agayev, Gahraman. 2006. *Excavations of Hajialili II Settlement*. Baku.

Dostiyev, Tarikh; Mammadov, Arif. 2008. *Excavations of Hajialili III Settlement*. Baku.

Hasansu Kurgan (Azerbaijan, KP 398.8)
Müseyibli, Nəcəf; Huseynov, Muzaffar; Jalilov, Bakhtiyar. 2007. *Hasansu Necropolis Report: On Excavations of Hasansu Necropolis at Kilometre Point 398.8 of Baku-Tbilisi-Ceyhan and South Caucasus pipelines Right Of Way*. Baku.

Müseyibli, Nəcəf. 2007. *Hasansu Kurgan Report: On Excavations of Hasansu Kurgan at Kilometre Point 399 of Baku-Tbilisi-Ceyhan and South Caucasus pipelines Right Of Way*. Baku.

Jinisi (Georgia, KP 136)
Kavavdze, Eliso. *Report on the palynological study of the material revealed as a result of the field works by the tsalka (kp 107-119; 136) archeological expedition.*

Narimanishvili, G.; Amiranashvili, J. 2005. *Report of the Trialeti Archaeological Expedition of 2004 2-36*. Tbilisi, Otar Lordkipanidze Centre of Archaeology of the Georgian National Museum.

Kayranlıkgözü (Turkey, KP 922)
Görür, Muhammet. 2005. *Kayranlık: A Roman Bath in Eastern Kilikia*. Ankara: Gazi University Research Center for Archaeology.

Khojakhan (Azerbaijan, KP 361)
Huseynov, Muzaffar; Jalilov, Bakhtiyar. 2007. *Excavations of Khojakhan Settlement*. Baku.

Güllüdərə (Türkiyə, km 354)
Şenyurt S. Yücel; İbiş Rəsul. 2005. Güllüdərə: Askale Düzündə Dəmir Dövrü və Orta Əsrlərə aid yaşayış məskəni. Ankara: Qazi Universitetinin Arxeoloji Tədqiqatlar Mərkəzi.

Hacıəlili I, II və III (Azərbaycan, km 300.98/301/302)
Dostiyev Tarix. 2006. *Hacıəlili I yaşayış məskənində arxeoloji qazıntılar haqqında hesabat*. Bakı.

Məmmədov Arif; Ağayev Qəhrəman. 2006. *Hacıəlili II yaşayış məskənində arxeoloji qazıntılar haqqında hesabat*. Bakı.

Dostiyev Tarix; Məmmədov Arif. 2008. *Hacıəlili III yaşayış məskənində arxeoloji qazıntılar haqqında hesabat*. Bakı.

Həsənsu kurqanı (Azərbaycan, km 398.8)
Müseyibli Nəcəf. 2007. Həsənsu kurqanı haqqında hesabat: Bakı-Tbilisi-Ceyhan və Cənubi Qafqaz boru kəmərləri sahəsinin 399-cu kilometrində Həsənsu kurqanında arxeoloji qazıntılar. Bakı.

Cinisi (Gürcüstan, km 136)
Kavavdze Eliso. Tsalka arxeoloji ekspedisiyası tərəfindən aparılmış çöl işləri (km 107-119; 136) nəticəsində aşkar edilmiş materialın palinoloji tədqiqatı haqqında hesabat.

Nərimanişvili G; Amiranaşvili C. 2005. 2004-cü il Trialeti Arxeoloji Ekspedisiyasının 2-36 saylı hesabatı. Tbilisi, Gürcüstan Dövlət Muzeyinin Otar Lordkipanidze adına Arxeologiya Mərkəzi.

Kayranlıkgözü (Türkiyə, km 922)
Görür Muhammet. 2005. Kayranlık. Şərqi Kilikiyada Roma hamamı. Ankara: Qazi Universitetinin Arxeoloji Tədqiqatlar Mərkəzi.

Xocaxan (Azərbaycan, km 361)
Hüseynov Müzəffər; Cəlilov Bəxtiyar. 2007. *Xocaxan yaşayış məskənində arxeoloji qazıntılar haqqında hesabat*. Bakı.

Klde (Georgia, KP 225)
Gambashidze, Irine; Mindiashvili, Giorgi. 2006. *Archaeological Excavations at the Klde Settlement and Cemetery, Report.* Tbilisi, Otar Lordkipanidze Centre of Archaeology of the Georgian National Museum.

Khunan (Azerbaijan, KP 380)
Museyibli, Najaf. 2007. *On Excavations of Khunan Settlement Conducted within BTC and SCP ROW at KP 380.* Baku.

Kodiana Kurgan (Georgia, KP 193)
Gambashidze, Irine; Gogochuri, Giorgi. 2004. *Report on Archaeological Excavations Carried out by an Archaeological Expedition of Borjomi District in July-August.* Tbilisi, Otar Lordkipanidze Centre of Archaeology of the Georgian National Museum.

Ktsia Valley Site (Georgia, KP 165)
Gambashidze, Irine. 2005. *Ktsia Valley Ancient Settlement Site KP 165, Report.* Tbilisi, Otar Lordkipanidze Centre of Archaeology of the Georgian National Museum.

Lak I & II (Azerbaijan, KP 298/300)
Dostiyev, Tarikh. 2007. *Excavations of Lak I Settlement.* Baku.

Agayev, Gahraman. 2007. *Excavations of Lak II Early Medieval Settlement.* Baku.

Minnetpinari (Turkey, KP 986)
Tekinalp, V. Macit. 2005. *Minnetpinari: A Medieval Settlement in Eastern Kilikia.* Ankara: Gazi University Research Center for Archaeology.

Nachivchavebi Site (Georgia, KP 085)
Shatberashvili, Zebede; Amiranashvili, Juansher; Gogochuri, Giorgi; Mindorashvili, David; Grigolia, Guram; Nikolaishvili, Vakhtang. 2005. *Works of Tetritsqaro Archaeological Expedition in 2003-2004.* Tbilisi, Otar Lordkipanidze Centre of Archaeology of the Georgian National Museum.

Narimankand (Azerbaijan, KP 234/237)
Agayev, Gahraman; Ashurov, Safar. 2007. *Narimankand: Excavations of Earth Graves of Developed Iron Age Date.* Baku.

Mustafayev, Mikayil. 2006. *Narimankand: Excavations of Antique Period Jar Graves.* Baku.

Klde (Gürcüstan, km 225)
Qambaşidze İrina; Mindiaşvili Giorgi. 2006. Klde yaşayış məskəni və qəbiristanında arxeoloji qazıntılar, Hesabat. Tbilisi, Gürcüstan Dövlət Muzeyinin Otar Lordkipanidze adına Arxeologiya Mərkəzi.

Xunan (Azərbaycan, km 380)
Müseyibli Nəcəf. 2007. *Km 380-də BTC və CQBK kəmər sahəsində Xunan yaşayış məskənində arxeoloji qazıntılar haqqında hesabat.* Bakı.

Kodiana kurqanı (Gürcüstan, km 193)
Qambaşidze İrina; Qoqoçuri Giorgi. 2004. İyul-Avqust aylarında Borjomi rayonunun Arxeoloji Ekspedisiyası tərəfindən aparılmış arxeoloji qazıntılar barədə hesabat. Tbilisi, Gürcüstan Dövlət Muzeyinin Otar Lordkipanidze adına Arxeologiya Mərkəzi.

Ktsia vadisi sahəsi (Gürcüstan, km 165)
Qambaşidze İrina. 2005. KG 165-də Ktsia vadisində qədim yaşayış məskəni sahəsi, Hesabat. Tbilisi, Gürcüstan Dövlət Muzeyinin Otar Lordkipanidze adına Arxeologiya Mərkəzi.

Lək I və II (Azərbaycan, km 298/300)
Dostiyev Tarix. 2007. *Lək I yaşayış məskənində arxeoloji qazıntılar haqqında hesabat.* Bakı.

Ağayev Qəhrəman. 2007. *Erkən Orta Əsrlərə aid Lək II yaşayış məskənində arxeoloji qazıntılar haqqında hesabat.* Bakı.

Minnetpinari (Türkiyə, km 986)
Tekinalp V. Məcit. 2005. Minnetpinari: Şərqi Kilikiyada Orta Əsrlər dövrünə aid yaşayış məskəni. Ankara: Qazi Universitetinin Arxeoloji Tədqiqatlar Mərkəzi.

Naçivçavebi sahəsi (Gürcüstan, km 085)
Şatberaşvili Zebede; Amiranaşvili Cuanşer; Qoqoçuri Giorgi; Mindoraşvili David; Qriqolia Quram; Nikolaişvili Vaxtanq. 2005. 2003-2004-cü ildə Tetrisqaro Arxeoloji Ekspedisiyasının işləri. Tbilisi, Gürcüstan Dövlət Muzeyinin Otar Lordkipanidze adına Arxeologiya Mərkəzi.

Nərimankənd (Azərbaycan, km 234/237)
Ağayev, Qəhraman; Aşurov, Səfər. 2007. *Nərimankənd: İnkişaf Etmiş Dəmir Dövrünə Aid Nərimankənd Torpaq Qəbirlərinin Arxeoloji Qazıntıları.* Bakı.

Mustafayev, Mikayil. 2006. Nərimankənd: Antik Dövr küp qəbir abidələrinin qazıntıları. Bakı.

Orchosani (Georgia, KP 249)
Baramidze, Malkhaz; Jibladze, Leri; Todua, Temur; Orjonikidze, Alexander. 2007. *Comprehensive Technical Report on Archaeological Investigations at the Orchosani Site IV-323 KP 249*. Tbilisi: Otar Lortkipanidze Archaeological Centre of the National Museum of Georgia.

Baramidze, M.; Jibladze, L.; Todua, T.; Orjonikidze, Al. 2006. *Orchosani Remnant of the Settlement and Necropolis*. Tbilisi.

Baramidze, M.; Pkhakadze, G. 2004. *Report of Akhaltsikhe Archaeological Works of 2003 (September-October)*. Tbilisi: Georgian Academy of Sciences.

Poylu I & II (Azerbaijan, KP 408.8/409.1/409.2)
Müseyibli, Nəcəf. 2008. *Poylu II Report: On Excavations of Poylu II Settlement at Kilometre Point 408.8 of Baku-Tbilisi-Ceyhan and South Caucasus pipelines Right Of Way*. Baku.

Najafov, Shamil. 2006. *Poylu I Report: On Excavations of Multilayer Settlement at Kilometre Point 409.1 of Baku-Tbilisi-Ceyhan and South Caucasus pipelines Right Of Way*. Baku.

Müseyibli, Nəcəf. 2006. *Poylu Report: On Excavations of Late Medieval Settlement at Kilometre Point 409.2 of Baku-Tbilisi-Ceyhan and South Caucasus pipelines Right Of Way*. Baku.

Sakire Fortress (Georgia, KP 199)
Gambashidze, Irine; Gogochuri, Giorgi. 2007. *Archaeological Investigations at Site IV-338, KP199, Sakire Village, Borjomi District*. Tbilisi, Otar Lordkipanidze Centre of Archaeology of the Georgian National Museum

Samedabad (Azerbaijan, KP 233)
Mustafayev, Mikayil. 2006. *Samedabad: Excavations of an Antique Period Earth Grave*. Baku.

Saphar-Kharaba (Georgia, KP 120)
Narimanishvili, Goderdzi; Amiranashvili, Juansher; Davlianidze, Revaz; Murvanidze, Bidzina; Shanshashvili, Nino; Kvachadze, Marine. 2003. *Report on Tsalka-Trialeti Archaeological Expedition Field Activities in September-November 2003*. Tbilisi, Otar Lordkipanidze Centre of Archaeology of the Georgian National Museum.

Orxosani (Gürcüstan, km 249)
Baramidze Malxaz; Cibladze Leri; Todua Temur; Orconikidze Aleksandr. 2007. km 249-da yerləşən IV-323 saylı Orxosani sahəsində arxeoloji tədqiqatlar haqqında hesabat. Tbilisi, Gürcüstan Dövlət Muzeyinin Otar Lordkipanidze adına Arxeologiya Mərkəzi.

Baramidze M.; Cibladze L.; Todua T.; Orconikidze Al. 2006. Orxosani yaşayış məskəni və qəbiristanının qalıqları. Tbilisi.

Baramidze M.; Pxakadze G. 2004. 2003-cü ildə (Sentyabr-Oktyabr) Axaltsixidə arxeoloji işlər haqqında hesabat. Tbilisi, Gürcüstan Elmlər Akademiyası.

Poylu I və II (Azərbaycan, km 408.8/409.1/409.2)
Müseyibli Nəcəf. 2008. II Poylu sahəsi haqqında hesabat: Bakı-Tbilisi-Ceyhan və Cənubi Qafqaz boru kəmərləri sahəsinin 408.8-ci kilometrində Poylu II yaşayış məskənində arxeoloji qazıntılar. Bakı.

Nəcəfov Şamil. 2006. I Poylu sahəsi haqqında hesabat: Bakı-Tbilisi-Ceyhan və Cənubi Qafqaz boru kəmərləri sahəsinin 409.1-ci kilometrində çoxqatlı yaşayış məskənində arxeoloji qazıntılar. Bakı.

Müseyibli Nəcəf. 2006. Poylu sahəsi haqqında hesabat: Bakı-Tbilisi-Ceyhan və Cənubi Qafqaz boru kəmərləri sahəsinin 49.2-ci kilometrində Orta Əsrlərin sonuna aid yaşayış məskənində arxeoloji qazıntılar. Bakı

Sakire qalası (Gürcüstan, km 199)
Qambaşidze İrina; Qoqoçuri Giorgi. 2007. Borjomi rayonunun Sakirə kəndində KG 199-da IV-338 saylı sahədə arxeoloji tədqiqatlar. Tbilisi, Gürcüstan Dövlət Muzeyinin Otar Lordkipanidze adına Arxeologiya Mərkəzi.

Səmədabad (Azərbaycan, km 233)
Mustafayev Mikayıl. 2006. Səmədabad: Antik dövrə aid torpağa basdırılmış qəbirdə arxeoloji qazıntılar. Bakı.

Səfər-Xaraba (Gürcüstan, km 120)
Nərimanişvili Qoderdzi; Amiranaşvili Cuanşer; Davlianidze Revaz; Murvanidze Bidzina; Şanşaşvili Nino; Kvaçadze Marina. 2003. Tsalka-Trialeti arxeoloji ekspedisiyasının 2003-ci ilin sentyabr –noyabr aylarında apardığı çöl işləri haqqında hesabat. Tbilisi, Gürcüstan Dövlət Muzeyinin Otar Lordkipanidze adına Arxeologiya Mərkəzi.

Sazpegler (Turkey, KP 040)
Tekinalp, Macit; Ekim, Yunus. 2005. *Sazpegler: A Medieval Settlement in North Eastern Anatolia*. Ankara: Gazi University Research Center for Archaeology.

Seyidlar I & II (Azerbaijan, KP 316/318)
Huseynov, Muzaffar; Agayev, Gahraman; Ashurov, Safar. 2006. *Excavations of Seyidlar Settlement*. Baku.

Jalilov, Bakhtiyar. 2007. *Excavations of Seyidlar II Antique Period Settlement*. Baku.

Shamkirchai I & III (Azerbaijan, KP 332.7/333)
Museyibli, Najaf. 2008. *Excavations of Shamkirchai Kurgans*. Baku, Nafta Press.

Museyibli, Najaf. 2008. *Excavations of Shamkirchai Kurgans III*. Baku, .

Sinig Korpu (Azerbaijan, KP 357.7)
Huseynov, Fuad. 2007. *Excavations of Sinig Korpu Kurgan Burial*. Baku.

Skhalta (Georgia, KP 080)
Shatberashvili, Zebede; Nikolaishvili, Vakhtang ; Shatberashvili, Vakhtang. 2007. *Report of the Tetritsqaro Archaeological Expedition in 2005*. Tbilisi, Otar Lordkipanidze Centre of Archaeology of the Georgian National Museum.

Soyuqbulaq (Azerbaijan, KP 432)
Müseyibli, Nəcəf. 2008. *Soyugbulaq Report: On Excavations of Soyugbulaq Kurgans at Kilometre Point 432 of Baku-Tbilisi-Ceyhan and South Caucasus pipelines Right Of Way*. Baku.

Tadzrisi (Georgia, KP 201)
Elizbarashvili, Irina; Bochoidze, Merab. *Conservation and Restoration of the Church of St George at Tadzrisi Monastery*.

Erkomaishvili, Nino. 2008. *Tadzrisi Monastery Conservation Project*.

Heritage Protection Department of Georgia. 2003. *Study of the Monuments within Baku-Tbilisi-Ceyhan Pipeline Route Corridor: Phase III. Report*. Tbilisi, Otar Lordkipanidze Centre of Archaeology of the Georgian National Museum.

Sazpeglər (Türkiyə, km 040)
Tekinalp Məcit; Ekim Yunus. 2005. Sazpegler: Şimal-şərqi Anadoluda Orta Əsrlərə aid yaşayış məskəni. Ankara: Qazi Universitetinin Arxeoloji Tədqiqatlar Mərkəzi.

I və II Seyidlər (Azərbaycan, km 316/318)
Hüseynov Müzəffər; Ağayev Qəhrəman; Aşurov Səfər. 2006. Seyidlər yaşayış məskənində arxeoloji qazıntılar haqqında hesabat. Bakı.

Cəlilov Bəxtiyar. 2007. Antik dövrə aid II Seyidlər yaşayış məskənində arxeoloji qazıntılar haqqında hesabat. Bakı.

Şəmkirçay I və III (Azərbaycan, km 332.7/333)
Müseyibli Nəcəf. 2008. Şəmkirçay kurqanlarında arxeoloji qazıntılar haqqında hesabat. Bakı.

Museyibli, Najaf. 2008. Şəmkirçay III kurqanlarında arxeoloji qazıntılar haqqında hesabat. Bakı.

Sınıq Körpü (Azərbaycan, km 357.7)
Hüseynov Fuad. 2007. Sınıq Körpü kurqan sahəsində arxeoloji qazıntılar haqqında hesabat. Bakı.

Sxalta (Gürcüstan, km 080)
Şatberaşvili Zebede; Nikolaişvili Vaxtanq; Şatberaşvili Vaxtanq. 2007. 2005-ci il Tetritsqaro Arxeoloji Ekspedisiyası haqqında hesabat. Tbilisi, Gürcüstan Dövlət Muzeyinin Otar Lordkipanidze adına Arxeologiya Mərkəzi.

Soyuqbulaq (Azərbaycan, km 432)
Müseyibli Nəcəf. 2008. Soyuqbulaq sahəsi haqqında hesabat: Bakı-Tbilisi-Ceyhan və Cənubi Qafqaz boru kəmərləri sahəsinin 432-ci kilometrində Soyuqbulaq kurqanlarında arxeoloji qazıntılar. Bakı .

Tadzrisi (Gürcüstan, km 201)
Elizbaraşvili İrina; Boçoidze Merab. Tadzrisi monastrında Müqəddəs Georgi kilsəsinin konservasiya və bərpa olunması.

Erkomaişvili Nino. 2008. Tadzrisi monastrının konservasiya layihəsi.

Gürcüstanın Mədəni İrsin Qorunması Departamenti. 2003. Bakı-Tbilisi-Ceyhan boru kəməri marşrutu dəhlizində abidələrin öyrənilməsi. Tbilisi, Gürcüstan Dövlət Muzeyinin Otar Lordkipanidze adına Arxeologiya Mərkəzi.

Tasmasor (Turkey, KP 299)

Şenyurt, S. Yücel. 2005. *Tasmasor: An Iron Age Settlement in Erzurum Plain*. Ankara: Gazi University Research Center for Archaeology.

Tetikom (Turkey, KP 292)

Şenyurt, S.Yücel; Ekmen, Hamza. 2005. *Tetikom: An Iron Age Settlement in Pasinler Plain*. Ankara: Gazi University Research Center for Archaeology.

Tiselis Seri (Georgia, KP 203)

Gogochuri, G. 2005. *Archaeological Excavations at KP 203 – Tiselis Seri Kura-Araxes Site, Report*. Tbilisi, Otar Lordkipanidze Centre of Archaeology of the Georgian National Museum.

Gogochuri, George; Orjonikidze, Alexander. 2007. *Comprehensive Technical Report on Archaeological Investigations at Site IV-293 Tiselis Seri KP 203*. Tbilisi, Otar Lordkipanidze Centre of Archaeology of the Georgian National Museum.

Tkemlara Kurgan (Georgia, KP 088)

Shatberashvili, Z. 2003. *Works of the Tetritsqaro Archaeological Expedition in November-December 2002*, Report. Tbilisi, Otar Lordkipanidze Centre of Archaeology of the Georgian National Museum.

Shatberashvili, Z,; Amiranashvili, J.; Gogochuri, G.; Mindorashvili, D.; Grigolia, G.; Nikolaishvili, V. 2005. *Works of the Tetritsqaro Archaeological Expedition in November-December 2003-2004*. Tbilisi, Otar Lordkipanidze Centre of Archaeology of the Georgian National Museum.

Tovuzchai Necropolis (Azerbaijan, KP 378)

Müseyibli, Nəcəf; Agayev, Gahraman; Aşurov, Səfər; Aliyev, Idris; Huseynov, Muzaffar; Najafov, Shamil; Guliyev, Farhad. 2008. *Tovuzchai Necropolis Report: On Excavations of Tovuzchai Necropolis At Kilometre Point 378 of Baku-Tbilisi-Ceyhan and South Caucasus pipelines Right Of Way*. Baku.

Yadili (Azerbaijan, KP 241)

Farhad, Guliyev; Gahraman, Agayev. 2008. *Yaldili Report: On Excavations of Yaldili Jar Burial Site At Kilometre Point 241 of Baku-Tbilisi-Ceyhan and South Caucasus Pipelines Right Of Way*. Baku.

Yevlakh (Azerbaijan, KP 204/204.25)

Mikayil, Mustafayev. 2008. *Amirarkh Report: On Excavations of an Antique Period Jar Grave At Kilometre Point 204.25 of Baku-Tbilisi-Ceyhan and South Caucasus Pipelines Right Of Way*. Baku.

Tasmasor (Türkiyə, km 299)

Şenyurt S. Yücel. 2005. Ərzurum düzənliyində Dəmir Dövrünə aid yaşayış məskəni. Ankara: Qazi Universitetinin Arxeoloji Tədqiqatlar Mərkəzi.

Tetikom (Türkiyə, km 292)

Şenyurt S. Yücel; Ekmen Həmzə. 2005. Tetikom: Pasinler düzənliyində Dəmir Dövrünə aid yaşayış məskəni. Ankara: Qazi Universitetinin Arxeoloji Tədqiqatlar Mərkəzi.

Tiselis Seri (Gürcüstan, km 203)

Qoqoçuru G. 2005. KG 203-də - Tiselis Seri Kür-Araz sahəsində arxeoloji qazıntılar, Hesabat. Tbilisi, Gürcüstan Dövlət Muzeyinin Otar Lordkipanidze adına Arxeologiya Mərkəzi.

Qoqoçuri Georgi; Orconikidze Aleksandr. 2007. KG 203-də IV-293 saylı sahədə arxeoloji tədqiqatlar haqqında müfəssəl texniki hesabat. Tbilisi, Gürcüstan Dövlət Muzeyinin Otar Lordkipanidze adına Arxeologiya Mərkəzi.

Tkemlara kurqanı (Gürcüstan, km 088)

Şatberaşvili Z. 2003. Tetritsqaro Arxeoloji Ekspedisiyasının 2002-ci ilin noyabr-dekabr aylarında işləri, Hesabat. Tbilisi, Gürcüstan Dövlət Muzeyinin Otar Lordkipanidze adına Arxeologiya Mərkəzi.

Şatberaşvili Z.; Amiranaşvili C.; Qoqoçuri Q.; Mindoraşvili D.; Qriqolia Q.; Nikolaişvili V. 2005. Tetritsqaro Arxeoloji Ekspedisiyasının 2003-2004-cü ilin noyabr-dekabr aylarında işləri. Tbilisi, Gürcüstan Dövlət Muzeyinin Otar Lordkipanidze adına Arxeologiya Mərkəzi.

Tovuzçay nekropolu (Azərbaycan, km 378)

Müseyibli Nəcəf; Ağayev Qəhrəman; Aşurov Səfər; Əliyev İdris; Hüseynov Müzəffər; Nəcəfov Şamil; Quliyev Fərhad. 2008. Tovuzçay nekropolu haqqında hesabat: Bakı-Tbilisi-Ceyhan və Cənubi Qafqaz boru kəmərləri sahəsinin 378-ci kilometrində Tovuzçay nekropolunda arxeoloji qazıntılar. Bakı.

Yaldili (Azərbaycan, km 241)

Fərhad Quliyev; Qəhrəman Ağayev. 2008. Yaldili sahəsi haqqında hesabat: Bakı-Tbilisi-Ceyhan və Cənubi Qafqaz boru kəmərləri sahəsinin 241-ci kilometrində Yaldili küp qəbiristanlığında arxeoloji qazıntılar. Bakı

Yevlax (Azərbaycan, km 204/204.25)

Mikayıl Mustafayev. 2008. Əmirarx sahəsi haqqında hesabat: Bakı-Tbilisi-Ceyhan və Cənubi Qafqaz boru kəmərləri sahəsinin 204.25-ci kilometrində Antik Dövrə aid qəbirdə arxeoloji qazıntılar. Bakı.

Yüceören (Turkey, KP 1069)

Şenyurt, S.Yücel; Akçay, Atakan; Kamiş, Yalçin. 2005. *Yüceören: A Hellenistic and Roman Necropolis in Eastern Kilikia*. Ankara: Gazi University Research Center for Archaeology.

Zayamchai Necropolis (Azerbaijan, KP 355/356)

Aşurov, Səfər. *Zayamchay Report: On Excavations of a Catacomb Burial At Kilometre Point 355 of Baku-Tbilisi-Ceyhan and South Caucasus pipelines Right Of Way*. Baku.

Müseyibli, Nəcəf; Kvachidze, Viktor. 2006. *Zayamchay Cemetery Report: On Excavations of a Muslim Cemetery At Kilometre Point 356 of Baku-Tbilisi-Ceyhan and South Caucasus Pipelines Right Of Way*. Baku.

Ziyaretsuyu (Turkey, KP 714)

Ortaç, Meral. 2005. *Ziyaretsuyu: A Hellenistic Settlement in Upper Halys Valley*. Ankara: Gazi University Research Center for Archaeology.

Yüceören (Türkiyə, km 1069)

Şenyurt S. Yücel; Akçay Atakan; Kamış Yalçın. 2005. Yüceören: Şərqi Kilikiyada Ellinist və Roma dövrünə aid qəbiristan. Ankara: Qazi Universitetinin Arxeoloji Tədqiqatlar Mərkəzi.

Zəyəmçay nekropolu (Azərbaycan, km 355/356)

Müseyibli Nəcəf; Ağayev Qəhrəman. 2003. Zəyəmçay nekropolu haqqında hesabat: Bakı-Tbilisi-Ceyhan və Cənubi Qafqaz boru kəmərləri marşrutunun 356-cı kilometrində son tunc dövrü nekropolulnnun arxeoloji qazıntılarının hesabatı. Bakı.

Ziyarətsuyu (Türkiyə, km 714)

Ortaç Meral. 2005. Ziyarətsuyu: Yuxarı Halis vadisində Ellinist dövrünə aid yaşayış məskəni. Ankara: Qazi Universitetinin Arxeoloji Tədqiqatlar Mərkəzi.

Recommended Reading
Tövsiyə olunan ədəbiyyat

Азербайджанская Советская Энциклопедия. Баку,1976, стр.214.

Abdushelishvili, Malkhas G. 1984. "Craniometry of the Caucasus in the Feudal Period." *Current Anthropology* 25(4): 505-509.

Abich, H. 1851. "The Climatology of the Caucasus. Remarks upon the Country between the Caspian and Black Seas." *Journal of the Royal Geographical Society of London* 21: 1-12.

Akazawa,Takeru; Kenichi Aoki; Ofer Bar-Yosef. (ed.) 1998. *Neanderthals and Modern Humans in Western Asia.* New York: Plenum Press.

Akkieva, Svetlana. 2008. "The Caucasus: One or Many? A View from the Region." *Nationalities Papers* 36(2): 253-273.

Akurgal, Ekrem. 1978. Ancient *Civilizations and Ruins of Turkey: From Prehistoric Times until the End of the Roman Empire* [translated by John Whybrow and Mollie Emre]. Istanbul: Haşet Kitabevi.

Algaze, Guillermo. 1989. "The Uruk Expansion: Cross-Cultural Exchange in Early Mesopotamian Civilization." *Current Anthropology* 30: 571-608.

Allen, W.E.D. 1927. "New Political Boundaries in the Caucasus." *The Geographical Journal* 69(5): 430-441.

Allen, W.E.D. 1929. "The March-Lands of Georgia." *The Geographical Journal* 74(2): 135-156.

Allen, W.E.D. 1942. "The Caucasian Borderland." *The Geographical Journal* 99(5/6): 225-237.

Allen, W.E.D.; Paul Muratoff. 1953. *Caucasian Battlefields: A History of the Wars on the Turko-Caucasian Frontier (1828-1921).* New York: Cambridge University Press.

Allen, W.E.D. 1971. *A History of the Georgian People.* New York: Routledge & Kegan Paul.

Allsen, Thomas T. 2001. *Culture and Conquest in Mongol Eurasia.* New York, NY: Cambridge University Press.

Alpago-Novello, A.; V. Beridze; J. Lafontaine-Dosogne. 1980. *Art and Architecture in Medieval Georgia.* Louvain-la-Neuve.

Altstadt, Audrey L. 1992. *The Azerbaijani Turks: Power and Identity under Russian Rule.* Stanford: Hoover Institution Press.

Akurgal, Ekrem. 1978. *Ancient Civilizations and Ruins of Turkey: From Prehistoric Times until the End of the Roman Empire* [trans. John Whybrow and Mollie Emre]. Istanbul: Haşet Kitabevi.

Amichba, G. 1988. *Abkhazija i Abkhazy v Srednevekovykh Gruzinskikh Povestvovatel›nykh Istochnikakh [Abkhazia and the Abkhazians in Georgian Narrative Sources of the Middle Ages].* Tbilisi.

Amineh, Mehdi Parvizi; Henk Howeling (eds.) 2005. "Central Eurasia in Global Politics: Conflict, Security and Development (2nd Edition)". *International Studies in Sociology and Social Anthropology 92.* Leiden: Brill.

Amirkhanov, H. A.; M. V. Anikovitch; I. A. Borziak. 1993. "Problem of Transition from Mousterian to Upper Paleolithic on the Territory of Russian Plain and Caucasus." *L'Anthropologie* 97: 311-330.

Anderson, Andrew Runni. 1928. "Alexander at the Caspian Gates." *Transactions and Proceedings of the American Philological Association* 59: 130-163.

Anderson, J. G. C. 1922. "Pompey's Campaign against Mithradets." *The Journal of Roman Studies*, 12: 99-105.

Apakidze, A.; G. Kipiani; V. Nikolaishvili. 2004. "A Rich Burial from Mtskheta (Caucasian Iberia)." *Ancient West and East* 3(1), (ed. G. Tsetskladze).

Aruz, Joan; Ronald Wallenfels (eds.) 2003. *Art of the First Cities: the Third Millennium B.C. from the Mediterranean to the Indus*. New York: Metropolitan Museum of Art; New Haven: Yale University Press.

Ascher, Iver; Alexandra Patten; Denise Monczewski (eds.) 2000. "State Building and the Reconstruction of Shattered Societies: 1999 Caucasus Conference Report." *Berkeley Program in Soviet and Post-Soviet Studies*, Berkeley: UC Press, 1-51. Online: http://repositories.cdlib.org/iseees/bps/2000 02-conf.

Ash, Rhiannon. 1999. "An Exemplary Conflict: Tacitus' Parthian Battle Narrative ('Annals' 6.34-35)." *Phoenix* 53(1/2): 114-135.

Atıl, Esin. 1987. *The Age of Sultan Süleyman the Magnificent*. Washington: National Gallery of Art.

Aydin, Mustafa. 2004. "Foucault's Pendulum: Turkey in Central Asia and the Caucasus." *Turkish Studies* 5(2): 1-22.

Aydingun, Aysegul. 2002. "Creating, Recreating and Redefining Ethnic Identity: Ahıska/Meskhetian Turks in Soviet and Post-Soviet contexts." *Central Asian Survey* 21(2): 185-197.

Baddeley, John F. 1940. *The Rugged Flanks of Caucasus* (2 vols.). London: Humphrey Milford/Oxford University Press.

Balat, Mustafa. 2006. "The Case of Baku-Tbilisi-Ceyhan Oil Pipeline System: A Review." *Energy Sources* Part B (1): 117-126.

Balci, Bayram; Raoul Motika. 2007. "Islam in Post-Soviet Georgia." *Central Asian Survey* 26(3): 335-353.

Bar-Yosef, Ofer; Anna Belfer-Cohen; Daniel S. Adler. 2006. "The Implications of the Middle-Upper Paleolithic Chronological Boundary in the Caucasus to Eurasian Prehistory." *Anthropologie* 19(1): 49-60.

Bar-Yosef, Ofer. 2007. "The Archaeological Framework of the Upper Paleolithic Revolution." *Diogenes* 214: 3-18.

Barylski, Robert V. 1994. "The Russian Federation and Eurasia's Islamic Crescent." *Europe-Asia Studies* 46(3): 389-416.

Basilov, Vladimir N. (ed.) 1989. *Nomads of Eurasia* [trans. By Dana Levy and Joel Sackett]. Los Angeles: Natural History Museum of Los Angeles County, in association with University of Washington Press.

Basirov, Oric. 2001 "Evolution of the Zoroastrian Iconography and Temple Cults." *ANES* 38: 160-177.

Bates, Daniel G. 1973. *Nomads and Farmers: A Study of the Yörük of Southeastern Turkey*. Ann Arbor: University of Michigan.

Belykov, Boris. 1999. "The Caucasus: Marginal Notes from a Diary." *Iran and the Caucasus* 3(1999-2000): 367-374.

Benet, Sula. 1974. *Abkhasians: The Long-Living People of the Caucasus: Case Studies in General Anthropology*. Stanford University; New York: Holt, Reinhart & Winston, Inc.

Bolukbasi, Suha. 1998. "The Controversy over the Caspian Sea Mineral Resources: Conflict Perceptions, Clashing Interests." *Europe-Asia Studies* 50(3): 397-414.

Bonner, Arthur. 2005. "Turkey, the European Union and Paradigm Shifts." *Middle East Policy* 12(1): 44-71.

Bosworth, A.B. 1977. "Arrian and the Alani." *Harvard Studies in Classical Philology* 81: 217-255.

Boyle, Katie; Colin Renfrew; Marsha Levine (ed.) 2002. *Ancient Interactions: East and West in Eurasia.* Cambridge: Oxbow Books.

Bram, Chen. 1999. "Circassian Re-immigration to the Caucasus." in Weil, S. (ed.) *Routes and Roots: Emigration in a Global Perspective.* Jerusalem: Magnes: 205-222.

Braud, David. 1994. *Georgia in Antiquity: A History of Colchis and Transcaucasian Iberia, 550BC-562AD.* Oxford: Clarendon Press.

Braund, David. 2003. "Notes from the Black Sea and Caucasus: Arrian, Phlegon and Flavian Inscriptions." *Ancient Civilizations* 9(3-4): 175-191.

Bremmer, Jan N. 1998. "The Myth of the Golden Fleece." *Journal of Ancient and Near Eastern Religions* (JANER) 6: 9-38.

Brinton, Daniel G. 1895. "The Protohistoric Ethnography of Western Asia." *Proceedings of the American Philosophical Society* 34(147): 71-102.

Brodie, Neil. (ed.) 2006. *Archaeology, Cultural Heritage, and the Antiquities Trade.* Gainesville, FL: University Press of Florida.

Brook, Stephen. 1992. *Claws of the Crab: Georgia and Armenia in Crisis.* London: Sinclair-Stevenson.

Brown, Cameron S. 2002. "Observations from Azerbaijan." *MERIA* 6(4).

Bryer, Antony. 1988. *Peoples and Settlement in Anatolia and the Caucasus, 800-1900.* Farnham, UK: Ashgate Publishing Co.

Bullough, Vern L. 1963. "The Roman Empire vs. Persia, 363-502: A Study of Successful Deterrence." *Journal of Conflict Resolution* 7(1): 55-68.

Burney, C.A. 1958. "Eastern Anatolia in the Chalcolithic and Early Bronze Age." *Anatolian Studies* 8(1958): 157-209.

Burney, Charles; David Marshall Lang. 1971. *The Peoples of the Hills: Ancient Ararat and the Caucasus.* New York: Praeger.

Burton-Brown, T. 1951. *Excavations in Azarbaijan, 1948.* London: Murray.

BTC Company Turkey; British Institute at Ankara; Gazi University-ARCED. 2007. *A Pipeline through History.* Ankara: Baku-Tbilisi-Ceyhan Pipeline Company.

Burdett, A. L. (ed.) 1996. *Caucasian Boundaries: Documents and Maps, 1802-1946.* Slough, UK: Archive Editions.

Catford, J.C. 1977. "Mountain of Tongues: The Languages of the Caucasus." *Annual Review of Anthropology* 6: 283-314.

Chistyakov, D. A. 1985. *The Mousterian cultures of the Black Sea coast* (in Russian) [Dissertation (unpublished)]. St Petersburg.

Chubinashvili, G. 1940. *Sioni of Bilnisi (Investigation of History of Georgian Architecture)*. Tbilisi.

Chubinashvili, T. 1965. *Kura-Araxes Culture*. Tbilisi.

Christian, David. 1998. *A History of Russia, Central Asia, and Mongolia*. Malden, MA: Blackwell Publishers.

Cohen, V. Y.; V. N. Stepanchu. 1999. "Late Middle and Early Upper Paleolithic Evidence from the East European Plain and Caucasus: A New Look at Variability, Interactions and Transitions." *Journal of World Prehistory* 13(3): 265-319.

Comneno, Maria Adelaide Lala. 1997 "Nestorianism in Central Asia during the First Millennium: Archaeological Evidence." *Journal of the Assyrian Academic Society* XI(1): 20-67.

Cornell, Svante E.; S. Frederick Starr. 2006. "The Caucasus: A Challenge for Europe." *Silk Road Paper* (June 2006): 1-87.

Corzine, Robert; Susan Glendinning; Baku-Tbilisi-Ceyhan (BTC) Pipeline Company. 2006. *BTC*. Baku: Digiflame Productions, "for the BTC Pipeline Company."

Crecelius, Daniel; Gotcha Djaparidze. 2002. "Relations of the Georgian Mamluks of Egypt with their Homeland in the Last Decades of the Eighteenth Century." *JESHO* 45(3): 320-341.

Cruz-Uribe, Eugene. 2003. "Qanats in the Achaemenid Period." *Bibliotheca Orientalis* LX(5-6): 538-544.

Curtis. Glen E. (ed.) 1995. *Armenia, Azerbaijan, and Georgia: Country Studies*. Federal Research Division, Library of Congress. Washington, D.C.: Federal Research Division, Library of Congress.

Dale, Catherine. 1995. "Georgia: Development and Implications of the Conflicts in Abkhazia and South Ossetia." *Conflicts in the Caucasus in Conference*. Oslo: International Peace Research Institute.

Davis-Kimball, Jeanine; Vladimir A. Bashilov; Leonid T. Yablonsky (eds.) 1995. *Nomads of the Eurasian Steppes in the Early Bronze Age*. Berkeley, CA: Zinat Press.

Djaparidze, O. 2006. Kartveli eris etnogenezisis sataveebtan [At the beginning of Georgian ethnogenesis]. Tbilisi: Artanuji (in Georgian).

Джафарзаде, И. М. Гобустан. Баку, 1973

Djobadze, W. 1992. *Early Medieval Georgian Monasteries in Historic Tao, Klarjet'i and Šavšet'i*. Stuttgart.

Doronichev, Vladimir B. 2008. "The Lower Paleolithic in Eastern Europe and the Caucasus: A Reappraisal of the Data and New Approaches." *Paleoanthropology 2008*: 107-157.

Dowsett, C. J. F. 1957. "A Neglected Passage in the 'History of the Caucasian Albanians.'" *Bulletin of the School of Oriental and African Studies* 19(3): 456-468.

Dumas, Alexandre. 1895. *Tales of the Caucasus: The Ball of Snow and Sultanetta*. Boston: Little, Brown, and Company.

Dumitrescu, Vladimir. 1970. "The Chronological Relations between the Cultures of the Eneolithic Lower Danube and Anatolia and the Near East." *American Journal of Archaeology* 74(1): 43-50.

Edens, Christopher. 1995. "Transcaucasia at the End of the Early Bronze Age," *Bulletin of the American Schools of Oriental Research* 299/300, The Archaeology of Empire in Ancient Anatolia: 53-64.

Edens, Christopher. 1997. Review of: Chataigner, Christine. *La Transcaucasie au Néolithique et au Chalcolithique, Bulletin of the American Schools of Oriental Research*. 306: 89-91.

Edgar, Adrienne L. 2001. "Identities, Communities, and Nations in Central Asia: A Historical Perspective." Presentation from "Central Asia and Russia: Responses to the 'War on Terrorism.'" panel discussion held at the University of California, Berkeley on October 29, 2001, Institute of Slavic, East European, and Eurasian Studies; the Berkeley Program in Soviet and Post-Soviet Studies; the Caucasus and Central Asia Program; and the Institute of International Studies at UC Berkeley: 1-7.

Эфендиев, О. Азербайджанское государство Сефевидов в начале XVI века, Баку, 1981.

English, Patrick T. 1959. "Cushites, Colchians, and Khazars." *Journal of Near Eastern Studies* 18(1): 49-53.

Fərəcova, Məlahət N. [= Farajova, Malahat N.] and Azerbaijan. Mədəniyyət və Turizm Nazirliyi. 2009. Azərbaycan qayaüstü incəsənəti = Rock art of Azerbaijan. Baku: Aspoliqraf.

Ferguson, R. James. 2005. "Rome and Parthia: Power Politics and Diplomacy Across Cultural Frontiers." Centre for East-West Cultural and Economic Studies (CEWCES) *Research Paper*(12), December 2005. Bond University, AU. http://epublications.bond.edu.au/cewces papers/10

Foltz, Richard C. 2000. *Religions of the Silk Road: Overland Trade and Cultural Exchange from Antiquity to the Fifteenth Century*. New York: St. Martin's Press.

Frye, Richard N. 1972. "Byzantine and Sassanian Trade Relations with Northeastern Russia." *Dumbarton Oaks Papers* 26: 263-269.

Furlong, Pierce James. 2007. "Aspects of Ancient Near Eastern Chronology (c.1600-700 BC)." PhD Dissertation, University of Melbourne: 464.

Gabunia, Leo; Vekua, Abesalom; Lordkipanidze, David. 2000. "The Environmental Contexts of Early Human Occupation of Georgia (Transcaucasia). *Journal of Human Evolution* 38: 785-802.

Gagoshidze, I. 1979. *Samadlo, Archaeological Excavations*. Tbilisi.

Gambashidze, I.; A. Hauptmann; R. Slotta; U. Yalcin. 2001. Bochum, *Georgien – Schätze aus dem Land des Goldenen Vlies (Katalog der Ausstellung des Deutschen Bergbau-Museums Bochum)*. Hrgs: 136-141.

Gamqrelidze, G.; M. Pirkskhalava; G. Qipiani. 2005. *Problems of the Military History of Ancient Georgia*. Georgia.

Gasanov, Magomed. 2001. "On Christianity in Dagestan." *Iran & the Caucasus* 5: 79-84.

Geiger, Bernhard; Tibor Halasi-Kun; Aert H. Kuipers; Karl H. Menges. *Peoples and Languages of the Caucasus. A Synopsis*. Mouton & Co.: Gravenhage, 1959.

Georgian National Museum. Otar Lordkipanidze Centre of Archaeology. 2010. Bako-T'bilisi-Jeihani Samxret' Kavkasiis Milsadeni da Ark'eologia Sak'art'veloši = Rescue archaeology in Georgia: the Baku-Tbilisi-Ceyhan and South Caucasian Pipelines. Tbisili: Georgian National Museum.

Giyasi, Jaffar. 1994. *Azerbaijan: Fortresses – Castles*. Baku: Interturan.

Glinika, Svetlana P.; Dorothy J. Rosenberg. 2003. "Social and Economic Decline as Factors in Conflict in the Caucasus." Discussion Paper No. 2003/18, United Nations University, World Institute for Development Economics Research (WIDER): 1-36.

Gobejishvili, G. 1981. *Bedeni Kurgan Culture*. Tbilisi.

Gogadze, E. 1972. *The Chronology and Genesis of the Trialeti Kurgan Culture*. Tbilisi.

Golovanova, L. V.; V. B. Doronichev. 2003. "The Middle Paleolithic of the Caucasus." *Journal of World Prehistory* 17 (1): 71-140.

Goluboff, Sacha L.; Samira Karaeva. 2006. "Azerbaijani Ethnography: Views from Inside and Outside." *Journal of the Society of the Anthropology of Europe* 5(1): 15-21.

Goluboff, Sacha L. 2008. "Patriarchy through Lamentation in Azerbaijan." *American Ethnologist* 35(1): 81-94.

Gorny, Ronald L. 1989. "Environment, Archaeology, and History in Hittite Anatolia." *The Biblical Archaeologist* 52(2/3): 78-96.

Grant, Bruce. 2004. "An Average Azeri Village (1930): Remembering Rebellion in the Caucasus Mountains." *Slavic Review* 63(4): 705-731.

Grant, Bruce. 2002. "The Good Russian Prisoner: Naturalizing Violence in the Caucasus Mountains." *Cultural Anthropology* 20(1): 39-67.

Greppin, John A. C. 1991. "The Survival of Ancient Anatolian and Mesopotamian Vocabulary until the Present." *Journal of Near Eastern Studies* 50(3): 203-207.

Гусейнов, М.М. Ранние стадии заселения человека в пещере Азых. Ученые записки Аз.Гос.Универ., сер. истории и философии, № 4. Баку, 1979.

Гусейнов, М.М. Древний палеолит Азербайджана. Баку, 1985.

Halliday, Fred; Maxine Molyneux. 1986. "Letter from Baku: Soviet Azerbaijan in the 1980s." *MERIP Middle East Report* No.138, Women and Politics in the Middle East (Jan-Feb.): 31-33.

Harmatta, Janos (ed.) 1998. *History of Civilizations of Central Asia, Vol. II: The Development of sedentary and nomadic civilizations: 700B.C. to A.D. 250*. Delhi: Motilal Banarsidass Publishers private Ltd.

Harris, Alice. 1991. *Indigenous Languages of the Caucasus (Anatolian and Caucasian Studies)*. Delmar, NY: Caravan Books.

Harris, David R. (ed.) 1996. *The Origins and Spread of Agriculture and Pastoralism in Eurasia*. Washington, D.C.: Smithsonian Institution Press.

Henze, Paul. B. 2001. "The Land of Many Crossroads: Turkey's Caucasian Initiatives." *Orbis* 45(1): 81-91.

Herzig, Edmund. 1999. *The New Caucasus: Armenia, Azerbaijan and Georgia*. London: Pinter.

Herzog, Christoph; Raoul Motika. 1998. "Orientalism 'Alla Turca': Late 19th/ Early 20th Century Ottoman Voyages into the Muslim 'Outback.'" *Die Welt des Islams, New Ser.*, 40(2): 139-195.

Heyat, Farideh. 2006. "Globalization and Changing Gender Norms in Azerbaijan." *International Feminist Journal of Politics* 8(3): 394-412.

Heydar Aliyev Foundation. 2010. "The First Inhabitants of Azerbaijan." Baku: Heydar Aliyev Foundation. Accessed November 12, 2010. http://www.azerbaijan.az/portal/History/Ancient/ancient_e.html

Hill, Fiona; Omer Taspinar. 2006. "Russia and Turkey in the Caucasus: Moving Together to Preserve the Status Quo?" Paris: IFRI research Programme Russia/CIS, Institut Français des Relations Internationales.

Hoffecker, John F. 2007. "Representation and Recursion in the Archaeological Record." *J. Archaeol. Method Theory* 14: 359-387.

Holmer, Arthur. 2002. "The Iberian-Caucasian Connection in a Typological Perspective." Birgit & Gad Rausings Stiftelse för humanistisk forskning: 1-35.

Hoppál, Mihály. (ed.) 1984. *Shamanism in Eurasia*. Göttingen: Edition Herodot.

Horn, Cornelia B. 1998. "St. Nino and the Christianization of Pagan Georgia." *Medieval Encounters* 4(3): 242-264.

Hovey, Edmund Otis. 1904. "Southern Russia and the Caucasus Mountains." *Bulletin of the American Geographical Society* 36(6): 327-341.

Hunter, Shireen T. 2006. "Borders, Conflict, and Security in the Caucasus: The Legacy of the Past." *SAIS Review* 26(1): 111-125.

Hunter, Shireen T. 1994. *The Transcaucasus in Transition: Nation-Building and Conflict*. Washington, D.C.: Center for Strategic and International Studies.

Husseinov, M.M. 2005. *The Azykh Cave*. Baku, The Academy of Science of the Azerbaijan Soviet Socialist Republic.

Idil, Vedat. 1987. *Ankara: the Ancient Sites and Museums*. English Version. Istanbul: Net Turistik Yayinlar A.S.

Ismailov, Eldar; Vladimir Papava. 2006. *The Central Caucasus: Essays on Geopolitical Economy*. Stockholm: CA & CC Press.

Ivanov, Vyacheslav, V. (n.d.) "Comparative Notes on Hurro-Urartian, Northern Caucasian and Indo-European." unpublished manuscript: 1-116.

Johanson, Lars. 1999. *Discoveries on the Turkic Linguistic Map*. Swedish research Institute in Istanbul, (SKRIFTER), Publication 5: Stockholm.

Jones-Bley, Karlene; D.G. Zdanovich. (eds.). 2002. *Complex societies of Central Eurasia from the 3rd to the 1ˢᵗ millennium BC: regional specifics in light of global models*. Washington, D.C.: Institute for the Study of Man.

Jones, Stephen F. 1987. "The Establishment of Soviet Power in Transcaucasia: the Case of Georgia 1921-1928." *Soviet Studies* 40(4): 616-639.

Jones, Stephen F. 1998. "Democracy from Below? Interest Groups in Georgian Society." *Slavic Review* 59(1): 42-73.

Kacharava, D.; G. Kvirvelia. 2008. *Wine, Worship, and Sacrifice: the Golden Graves of Ancient Vani*. (With essays by A. Chqonia, N. Lordkipanidze, and M. Vickers. Institute for the Study of the Ancient World, in association with Princeton University Press.

Касимова, Р.М. Первые палеоаптропологические находки в Кобыстане Журн. "Вопросы антропологии" вып 46. Москва – 1974.

Kakhhidze, A.; M. Vickers. 2004. Pichvnari 1: *Results of Excavations Conducted by the Joint British-Georgian Expedition, 1998-2002: Greeks and Colchians on the East Coast of the Black Sea.* Oxford: Batumi.

Karagiannis, Emmanuel. 2004. "The Turkish-Georgian partnership and the pipeline factor." *Journal of Southern Europe and the Balkans* 6(1): 13-26.

Kavtaradze, Giorgi L. 2004. "The Chronology of the Caucasus during the Early Metal Age: Observations from Central Trans-Caucasus." In: Sagona, A. (ed.) *A View from the Highlands: Archaeological Studies in Honour of Charles Burney* (Ancient Near Eastern Studies Supplement 12). Leuven: Peeters.

Kavtaradze, Giorgi L. 1999. *The Importance of Metallurgical Data for the Formation of a Central Transcaucasian Chronology. In The Beginnings of Metallurgy: Proceedings of the International Conference.* Bochum.

Kazemzadeh, Firuz. 1951. *The Struggle for Transcaucasia (1917-1921).* New York: Philosophical Library.

Keaveney, Arthur. 1982. "The King and the War-Lords: Romano-Parthian Relations Circa 64-53 B.C." *American Journal of Philology* 103(4): 412-428.

Kelly-Buccllati, Marilyn. 1974. "The Excavations at Korucutepe, Turkey, 1968-1970: Preliminary Report. Part V: The Early Bronze Age Pottery and Its Affinities." *Journal of Near Eastern Studies* 33(1): 44-54.

Keun, Odette. 1924. *In the Land of the Golden Fleece: Through Independent Menchevist Georgia.* London: John Lane.

Khimshiashvili, A. 1995-1996. "A Group of Iberian Fire Temples (4th Century BC – 2nd Century AD)." *Archaeologische Mitteilungen Aus Iran* 28: 309-318.

Khoshtaria, D. 2009. "Past and Present of the Georgian Sinai: A Survey of Architectural History and Current State of Monasteries in Klarjeti." In P. Soustal (ed.), *Heilige Berge und Wusten: Byzanz und sein Unfeld.* Wien: 77-81.

King, Charles. 2007. "Imagining Circassia: David Urquhart and the Making of North Caucasus Nationalism." *The Russian Review* 66: 238-255.

Kinross, Patrick Balfour. 1977. *The Ottoman Centuries: the Rise and Fall of the Turkish Empire.* New York: Morrow.

Kipiani, G. 2004. "Achaemenid Heritage in Ancient Georgian Architecture." *ANES* 41: 167-191.

Knaus, Florian. 2003. "Achaimeniden im Kaukasus." *Colloque L'archéologie de l'empire achéménide Paris*, Collège de France, (21-22 Novembre 2003): 1-21.

Knaus, Florian. 2006. "Ancient Persia and the Caucasus." *Iranica Antiqua* 16: 79-118.

Kohl, Philip L. 1989. "The Northern 'Frontier' of the Ancient Near East: Transcaucasia and central Asia Compared." *American Journal of Archaeology* 92(4): 591-596.

Kohl, Philip L. 1998. "Nationalism and Archaeology: On the Constructions of Nations and the Reconstructions of the Remote Past." *Annual review of Anthropology* 27: 223-246.

Kohl, Philip L. 2001. "Nation-Building and the Archaeological Record." in *Nation and National Ideology Past, Presents and Prospects.* Proceedings of the International Symposium Held at the New Europe College, Bucharest (April 6-7, 2001): 184-208.

Kohl, Philip L. 2007. *The Making of Bronze Age Eurasia.* New York: Cambridge University Press.

Krainov, D. A. 1947. "New Mousterian sites in the Crimea and the Caucasus (in Russian)." *Byulleten' Komissii po Izucheniyu Chetvertichnogo* Perioda 9: 23-35.

Kroll, Stephan. 2005. "The Southern Urmia basin in the early Iron Age." *Iranica Antiqua* 15: 65-85.

Kuftin, B. 1941. *Archaeological Excavations in Trialeti*. Tbilisi (in Russian)

Kuftin, B. 1948. *Archaeological Excavations of 1947 in Tsalka Region*. Tbilisi (in Russian)

Kuhn, Steven L. "Paleolithic Archeology in Turkey." *Evolutionary Anthropology* 11: 198-210.

Kuipers, Aert H. 1960. *Phoneme and Morpheme in Kabardian (Eastern Adyghe)*. 'S-Gravenhage: Mouton & Co.

Kuzio, Taras. 2002. "History, Memory and Nation Building in the Post-Soviet Colonial Space." *Nationalities Papers* 30(2): 241-264.

Lang, D. M. 1952. "Georgia and the Fall of the Safavi Dynasty." *Bulletin of the School of Oriental and African Studies* 14(3): 523-539.

Lang, D. M. 1955. "Georgia in the Reign of Giorgi the Brilliant (1314-1346)." *Bulletin of the School of Oriental and African Studies* 17(1): 74-91.

Lang, David Marshall. 1966. *The Georgians*. London: Thames and Hudson.

Lang, David Marshall. 1976. *Lives and Legends of the Georgian Saints* (revised edition). Crestwood, NY.

Levi, Scott. 1999. "India, Russia and the Eighteenth-Century Transformation of the Central Asian Caravan Trade." *JESHO* 42(2): 519-548.

Licheli, V. 1999. "St. Andrew in Samtskhe: Archaeological Proof?" In T. Mgaloblishvili (ed.) *Ancient Christianity in the Caucasus. Iberica Caucasica*. London: 27-34.

Licheli, Vakhtang. 2006. "New Archaeological Publications from Georgia." *Ancient Civilizations from Scythia to Siberia* 12(3/4): 315-322.

Liubin, V. P. 1974. "The Environment and Primitive Man in the Pleistocene of the Caucasus." (in Russian) In *Primitive Man, His Material Culture and the Environment in the Pleistocene and Holocene*. Moscow, Nauka: 167-177.

Liubin, V. P. 1977. *Mousterian Cultures of the Caucasus*. (in Russian) Leningrad, NAUKA.

Liubin, V. P. 1989. "The Palaeolithic of the Caucasus." (in Russian) *The Palaeolithic of the Caucasus and Northern Asia*. Leningrad, Nauka.

Lloyd, Seton. 1989. *Ancient Turkey: A Traveller's History of Anatolia*. Berkeley: University of California Press.

Lordkipanidze, M.; I. Katcharava. 1963. *A Glimpse of Georgian History*. Tbilisi.

Lordkipanidze, O. (ed.) 1991. *Archaeology of Georgia, Volume I. Tbilisi*. (In Georgian)

Lordkipanidze, O. (ed.) 1992. *Archaeology of Georgia, Volume II. Tbilisi*. (In Georgian)

Lordkipanidze, O. 2000. *Phasis, the River and City in Colchis*. Stuttgart: Steiner.

Lordkipanidze, O. 2009. "Georgian Civilzation: Whence Does Its History Start?" *Journal Iberia-Colchis* 5: 126-133.

Ludwig, Nadine. 2005. "Die Kachetische Keramik des I. Jts. V. Chr.- eine Einfuhrung." *ANES* 42: 211-230.

Magnarella, Paul J.; Orhan Türkdoğan. 1976. "The Development of Turkish Social Anthropology." *Current Anthropology* 17(2): 263-274.

Mair, Victor H. (ed.) 2006. *Contact and Exchange in the Ancient World.* Honolulu: University of Hawai'i Press.

Makharadze, Z. 2007. "Noufelles Donnees sur le Chalolithique en Gergie Orientole." In B. Lyonnet (ed.) *Les Cultures du Caucase (VI-III millenoires avant notre ere).* Leurs relations avec le Proche-Orient, Paris: 123-132.

Manning, Patrick. 2006. "Homo Sapiens Populates the Earth: A Provisional Synthesis, Privileging Linguistic Evidence." *Journal of World History* 17(2): 115-158.

Manning, Sturt W.; Bernd Kromer; Peter Ian Kuniholm; Maryanne W. Newton. 2003. "Anatolian Tree Rings and a New Chronology for the East Mediterranean Bronze-Iron Ages." *Science* 294: 2532-2535.

Manning, Sturt W. 2003. "Confirmation of Near-Absolute Dating of East Mediterranean Bronze-Iron Dendrochronology." *Antiquity* 77: 295.

Manning, Sturt W. 2006. "Chronology for the Aegean Late Bronze Age 1700-1400 B.C." *Science* 312: 565-569.

Мансуров М. Палеолит Азербайджана. Международная научная конференция "Археология и этнология Кавказа", Тбилиси, 2002.

Mənsurov, Mənsur. Qafqazda ilk paleolit abidələri. Azərbaycan arxeologiyası və etnoqrafiyası jurnalı. № 2, 2003.

Margarian, Hayrapet. 2001. "The Nomads and Ethnopolitical Realities of Transcaucasia in the 11-14th Centuries." *Iran & the Caucasus* 5: 75-78.

Mark, David E. 1996. "Eurasia Letter: Russia and the New Transcaucasus." *Foreign Policy* 105 (Winter 1996-1997): 141-159.

Mars, Gerald; Yochanan Altman. 1983. "The Cultural Bases of Soviet Georgia's Second Economy." *Soviet Studies* 35(4): 546-560.

Marton, R.E.; E. Leorri; P. P. McLaughlin. 2007. "Holocene Sea Level and Climate Change in the Black Sea: Multiple Marine Incursions Related to Freshwater Discharge Events." *Quaternary International* 167-168 (2007): 61-72.

Mason, R.B.; L. Golombek. 2003. "The Petrography of Iranian Safavid Ceramics." *Journal of Archaeological Science* 30: 251-261.

McKay, John P. 1984. "Baku Oil and Transcaucasian Pipelines, 1883-1891: A Study in Tsarist Economic Policy." *Slavic Review* 43(4): 604-623.

Meeker, Michael E. 1971. "Black Sea Turks: Some Aspects of their Ethnic and Cultural Background." *International Journal of Middle East Studies* 2(4): 318-345.

Mellaart, James. 1958. "The End of the Early Bronze Age in Anatolia and the Aegean." *American Journal of Archaeology* 62(1): 9-33.

Merlin, M.D. 2002. "Archaeological Evidence for the Tradition of Psychoactive plant use in the Old World." *Economic Botany* 57(3): 295-323.

Meskell, Lynn. 2002. "The Intersection of Identity and Politics in Archaeology." *Annual Review of Anthropology* 31: 279-301.

Metreveli, Roin. 1993. *Georgia*. Tbilisi: N. Solod Publishing House.

Mikasa, Takahito (ed.) 1995. *Essays on Ancient Anatolia and its Surrounding Civilizations*. Wiesbaden: Harrassowitz Verlag.

Minorsky, V. 1953. "Caucasica IV." *Bulletin of the School of Oriental and African Studies* 15(3): 504-529.

Moorey, P. R. S. 1986. "The Emergence of the Light, Horse-Drawn Chariot in the Near-East c. 2000-1500 B.C." *World Archaeology* 18(2): 196-215.

Morin, J. 2003. "Long-Term Cross-Cultural Relations and State-Formation in Transcaucasian Iberia: An Annaliste Perspective." *ANES* 41: 108-119.

Muehlfried, Florian. 2007. "Sharing the Same Blood-Culture and Cuisine in the Republic of Georgia." *Anthropology* of Food S3 (Décembre 2007) Food Chains/Les chaines alimentaires: 1-15.

Museyibli, Najaf. "Chalcolitic settlement Beyuk Kesik." Baku, 2007.

Museyibli, Najaf. "Ethnocultural Connections between the Region of the Near East and the Caucasus in the IV millennium BC". *Azerbaijan- Land between East and West*. Berlin, 2009.

Museyibli, Najaf. "Baku-Tbilisi-Ceyhan pipeline boosts Azerbaijani Archaeology. Vision of Azerbaijan summer". 1 volume. Baku, 2007.

Мусеибли, Наджаф. "Позднеэнеолитические курганы Акстафинского района". Материалы международной научной конференции "Археология, этнология, фольклористика Кавказа". Баку, 2005.

Мусеибли, Наджаф. "Курган Гасансу эпохи средней бронзы". Материалы международной научной конференции. "Археология, этнология, фольклористика Кавказа". Тбилиси, 2007.

Нариманов, И. Г. Культура древнейшего земледельческо-скотоводческого населения Азербайджана. Баку, 1987.

Nanobashvili, Mariam. 2002. "The Development of Literary Contacts between the Georgians and the Arabic Speaking Christians in Palestine from the 8th to the 10th century." *ARAM* 15: 269-274.

Narimanishvili, G. K. 1990. *Pottery of Kartli in the 5th – 1st centuries BC*. Tbilisi (in Russian).

Narimanishvili, G. 2004. "Red-Painted Pottery of the Achaemenid and Post-Achaemenid Periods from Caucasus (Iberia): Stylistic Analysis and Chronology." *ANES* 41: 120-166.

Narimanishvili, G. 2006. "Saphar-Kharaba Cemetery." *Dziebani* 17-18: 92-126.

Nasidze, I. 2001. "Alu Insertion Polymorphisms and the Genetic Structure of Human Populations from the Caucasus." *European Journal of Human Genetics* 9: 267-272.

Nazidze, I. 1998. "Genetic Evidence Concerning the Origins of South and North Ossetians." *Annals of Human Genetics* 68: 588-599.

Nasidze, Ivane; Mark Stoneking. 2001. "Mitochondrial DNA Variation and Language Replacements in the Caucasus." *Proc. R. Soc. Lond.* B 268: 1197-1206.

Nasmyth, Peter. 1998. *Georgia: In the Mountains of Poetry*. New York: St. Martin's Press.

Nichols, Deborah L.; Rosemary A. Joyce; Susan D. Gillespie. 1997. "Is Archaeology Anthropology?" *APa* 13(1): 3-13.

Nicholas, Johanna. 1997. "Modeling Ancient Population Structures and Movement in Linguistics." *Annual Reviews in Anthropology* 26: 359-84.

Norling, Nicklas; Niklas Swanstrom. 2007. "The Virtues and Potential Gains of Continental trade in Eurasia." *Asian Survey* 17(3): 351-373.

Nourzhanov, Kirill. 2006. "Caspian Oil: Geopolitical Dreams and Real Issues." *Australian Journal of International Affairs* 60(1): 59-66.

Ogden, Dennis. 1984. "Britain and Soviet Georgia, 1921-22." *Journal of Contemporary History* 23(2), Bolshevism and the Socialist Left: 245-258.

O'Laughlin, John; Vladimir Kolossov; Jean Radvanyi. 2007. "The Caucasus in a Time of Conflict, Demographic Transition, and Economic Change." *Eurasian Geography and Economics* 48(2): 135-156.

Olszewski, Devorah; Harold L. Dibble. (ed.) 1993. *The Paleolithic Prehistory of the Zagros-Taurus*. Philadelphia: University Museum of Pennsylvania.

Otte, Marcel. 2007. "The Origins of Language: Material Sources." *Diogenes* 214: 49-59.

Özendes, Engin. 1987. *Photography in the Ottoman Empire, 1839-1919*. Beyoğlu-Istanbul : Haşet Kitabevi.

Ozfirat, Aynur. 2007. "A Survey of Pre-Classical Sites in Eastern Turkey. Fourth Preliminary Report: The Eastern Shore of Lake Van." *ANES* 44: 113-140.

Ozturkmen, Arzu. 2005. "Rethinking Regionalism: Memory of Change in a Turkish Black Sea Town." *East European Quarterly* 39(1): 47-62.

Palumbi, Giulio. 2003. "Red-Black Pottery: Eastern Anatolian and Transcaucasian Relationships around the Mid-Fourth Millenium BC." *ANES* 40: 80-134.

Parsons, J.W.R. 1982. "National Integration in Soviet Georgia." *Soviet Studies* 34(4): 547-569.

Pelkmans, Mathjis. 1998? "The Wounded Body: Reflections on the Demise of the 'Iron Curtain' between Georgia and Turkey." Amsterdam School of Social Science Research, unpublished manuscript: 1-13. Web link: http://condor.depaul.edu/~rrotenbe/aeer/v17n1/Pelkmans.pdf

Percovich, Luciana. 2004. "Europe's First Peoples: Female Cosmogonies before the Arrival of the IndoEuropean Peoples." *Feminist Theology* 13(1): 26-39.

Peterkin, Gail Larsen; Harvey M. Bricker; Paul Mellars (eds.) 1993. Washington DC: American Anthropological Association.

Peterson, Alexandros. 2002. "Integrating Azerbaijan, Georgia and Turkey with the West: The Case of the East-West Transport Corridor." *CSIS Commentary* Sept.10, 2007: 1-20.

Pitskhelauri, K. 1997. "Waffen der Bronzezeit aus Ost-Georgien." *Archaeologie in Eurasien*. Gottingen: 4.

Pogrebova, Maria. 2003. "The Emergence of Chariots and Riding in the South Caucasus." *Oxford Journal of Archaeology* 22(4): 397-409.

Popjanevski, Johanna; Niklas Nilsson. 2006. "National Minorities and the State in Georgia." Conference Report, Silk Road Studies Program, Johns Hopkins University, SAIS, Aug 2006: 1-32.

Preucel, Robert W.; Ian Hodder (eds.) 1996. *Contemporary Archaeology in Theory: A Reader*. Cambridge, MA: Blackwell Publishers.

Qajar, Chingiz. 2000. *The Famous Sons of Ancient and Medieval Azerbaijan*. S. N.: Azerbaijan

Qaukhchishvili, S. (ed.) 1955. *Kartlis Tskhovreba (Life of Georgia)*. Tbilisi.

Raballand, Gael; Ferhat Esen. 2007. "Economics and Politics of Cross-Border Oil Pipelines: the Case of the Caspian Basin." *AEJ* 5: 133-146.

Radvanyi, Jean; Shakhmardan S. Muduyev. 2007. "Challenges Facing the Mountain Peoples of the Caucasus." *Eurasian Geography and Economics* 48(2): 157-177.

Ramezani, Elias; Mohammad R. Marvie Mohadjer; Hans-Dieter Knapp; Hassan Ahmadi; Hans Joosten. 2008. "The late-Holocene Vegetation History of the Central Caspian (Hyrcanian) Forests of Northern Iran." *The Holocene* 18: 307-321.

Rapp, Gregory. 2002. "The Conversion of K'art'li: the Shatberdi Variant, Kek.Inst.S-1141." *Le Museon* 119(1-2): 169-229.

Reinhold, Sabine. 2003. "Traditions in Transition: Some Thought on Late Bronze Age and Early Iron Age Burial Costumes from the Northern Caucasus." *European Journal of Archaeology* 6(1): 25-54.

Roberts, Elizabeth. 1992. *Georgia, Armenia, and Azerbaijan*. Brookfield, CT: Millbrook Press.

Romer, F. E. 1979. "Gaius Caesar›s Military Diplomacy in the East." *Transactions of the American Philological Association* 109: 199-214.

Rosen, Roger. 1999. *Georgia: A Sovereign Country of the Caucasus*. Sheung Wan, Hong Kong: Odyssey Publications.

Rosen, Roger. 1992. *The Georgian Republic*. Lincolnwood, IL: Passport Books.

Roustaei, K. et al. 2004. "Recent Paleolithic Surveys in Luristan." *Current Anthropology* 45(5): 692-707.

Rubinson, K. S.; A. G. Sagona. 2008. Ceramics in Transitions: *Chalcolithic through Iron Age in the Highlands of the Southern Caucasus and Anatolia*. (Ancient Near Eastern Studies Series # 27) Oakville CT: David Brown (Oxbow).

Sagona, Antoni; Claudia Sagona. 2000. "Excavations at Sos Hoyuk, 1998 to 2000: Fifth Preliminary Report." *ANES* 37: 56-127.

Salia, Kalistrat. 1983. *History of the Georgian Nation* (trans. by Katharine Vivian). Paris: N. Salia.

Sanikidze, Georgia; Edward W. Walker. 2004. "Islam and Islamic Practices in Georgia." Berkeley Program in Soviet and Post-Soviet Studies Working Paper Series: 1-42.

Scarce, Jennifer M. 1981. *Middle Eastern Costume from the Tribes and Cities of Iran and Turkey*. Edinburgh: Royal Scottish Museum.

Scheffler, Thomas. 1998. "'Fertile Crescent', 'Orient', 'Middle East': The Changing Mental Maps of Southwest Asia." *European Review of History* 10(2): 253-272.

Secretariat of the President of the Republic of Azerbaijan. 1999. *NATO and Azerbaijan: Mutually beneficial cooperation.* Ankara, Turkey: Nurol Printing House.

Şenyurt, S. Yücel; Atakan Akçay; Yalçin Kamiş. 2006. *Yuceoren: Dogu Kilikya'da bır Helenistik-Roma nekropolu. Baku-Tbilisi-Ceyhan ham petrol boru hatti projesi arkeolojik kurtarma kazilari yayinlari: 1* [A Hellenistic and Roman Necropolis in Eastern Kilikia. Baku-Tbilisi-Ceyhan crude oil pipeline project publications of archaeological salvage excavations: 1]. Ankara: Gazi University Research Center for Archaeology.

Seton, Lloyd. 1989. *Ancient Turkey: a Traveler's History of Anatolia.* Berkeley: University of California Press.

Shaw, Wendy M. K. 2003. *Possessors and Possessed: Museums, Archaeology, and the Visualization of history in the Late Ottoman Empire.* Berkeley: University of California Press.

Shnirelman, Victor. 2005. "The Politics of a Name: Between Consolidation and Separation in the Northern Caucasus." *Acta Slavica Iaponica* 23: 37-73.

Singer, Itamar. 2005. "On Luwians and Hittites." *Biblioteca Orientalis* 62(5-6): 431-452.

Sinitsyn, A.A.; J. F. Hoffecker. 2006. "Radiocarbon Dating and Chronology of the Early Upper Paleolithic at Kostenki." *Quaternary International* 152-153: 164-174.

Silogava, Valery; Kakha Shengelia. 2007. *History of Georgia: From the Ancient Times through the Rose Revolution.* Tbilisi: Caucuses University Publishing House.

Smeets, Rieks. 1994. *The Indigenous Languages of the Caucasus.* Delmar, NY: Caravan Books.

Smith, Adam T.; Karen S. Robinson. 2003. *Archaeology in the Borderlands: Investigations in Caucasia and Beyond.* Monograph 47, Cotsen Institute of Archaeology, UCLA. Los Angeles: UC Press.

Smith, Adam T. 1999. "The Making of an Urartian Landscape in Southern Transcaucasia: A Study of Political Architectonics." *American Journal of Archaeology* 103(1): 45-71.

Smith, Adam T. 2004. "The End of the Essential Archaeological Subject." *Archaeological Dialogues* 11(1): 1-20.

Smith, Adam T. 2005. "Prometheus Unbound: Southern Caucasia in Prehistory." *Journal of World Prehistory* 19: 229-279.

Soloviev, L. N. 1956. *The Significance of the Archaeological Method for the Study of the Karst of the Northern Part of the Caucasian Black Sea Coast (in Russian).* 'Karst questions in the South of the European USSR'. Kiev, AN Ukrainian: 43-75.

Souleimanov, Emil; Ondrej Ditrych. 2007. "Iran and Azerbaijan: A Contested Neighborhood." *Middle East Policy* 14(2): 101-116.

Starr, Frederick S.; Svante E. Cornell. (eds.) 2005. *The Baku-Tbilisi-Ceyhan Pipeline: Oil Window to the West.* Washington, D.C.: Central Asia-Caucasus Institute, Johns Hopkins University, School of Advanced International Studies.

Starr, Frederick S. (ed.) 2007. *The New Silk Roads: Transport and Trade in Greater Central Asia.* Washington, D.C.: Central Asia-Caucasus Institute, Johns Hopkins University, SAIS.

Stephl, Marion. 2004. "A Cluster-Based Approach to Heritage Tourism in Georgia: Sustainable Tourism as a Strategy towards Export-Diversification for an Economy in Transition." *Diplomarbeit zur Erlangung des Akademischen Grades Magistra (FH)*, FHS Kufstein Tirol, Studiengang Internationale Wirtschaft Management: 1-148.

Stirling, Paul. (ed.) 1993. *Culture and Economy: Changes in Turkish Villages.* Huntingdon: Eothen.

Summers, G.D. 1993. "Archaeological Evidence for the Achaemenid Period in Eastern Turkey." *Anatolian Studies* 43: 85-108.

Summers, G.D. 1997. "The Identification of the Iron Age City on Kerkenes Dag in Central Anatolia." *Journal of Near Eastern Studies* 56(2): 81-94.

Suny, Ronald Grigor. 2001. "Constructing Primordialisms: Old Histories for New Nations." *Journal of Modern History* 73(4): 862-896.

Suny, Ronald Grigor. 1999. "Provisional Stabilities: the Politics of Identities in Post-Soviet Eurasia." *International Security* 24(3): 139-178.

Suny, Ronald Grigor. 1994. *The Making of the Georgian Nation.* Bloomington: Indiana University Press.

Suny, Ronald Grigor. (ed.) 1983. *Transcaucasia: Nationalism and Social Change.* Ann Arbor: University of Michigan Press.

Swietochowski, Tadeusz. 1986. *Soviet Azerbaijan Today: The Problems of Group Identity.* Occasional Paper Vol. 211. Washington, D.C.: Kennan Institute for Advanced Russian Studies.

Swietochowski, Tadeusz. 1985. *Russian Azerbaijan, 1905-1920: The Shaping of National Identity in a Muslim Community.* Soviet and East European Studies, New York: Cambridge University Press.

Swietochowski, Tadeusz. 1995. *Russia and Azerbaijan: A Borderland in Transition.* New York: Columbia University Press.

Takahito, Mikasa. (ed.) 1995. *Essays on Ancient Anatolia and its Surrounding Civilizations.* Wiesbaden: Harrassowitz Verlag.

Takaoglu, Turan. 2000. "Hearth Structures in the Religious Pattern of Early Bronze Age Northeast Anatolia." *Anatolian Studies* 50: 11-16.

Taylor, Paul Michael; Christopher R. Polglase; Jared M. Koller; Troy A. Johnson. *2010. AGT: Ancient Heritage in the BTC-SCP Pipeline Corridor – Azerbaijan, Georgia, Turkey.* Washington, D.C.: Smithsonian Institution. [Online publication, at:] http://www.agt.si.edu (Web design by Jared Koller and Michael Tuttle.)

Taylor, Paul Michael; David Maynard. 2011. Excavations on the BTC Pipeline, Azerbaijan. Forthcoming in: *Internet Archaeology.*

Tillier, Anne-Marie. 2007. "The Earliest *Homo Sapiens (Sapiens)*: Biological, Chronological and Taxonomic Perspectives." *Diogenes* 214: 110-121.

Toumanoff, C. 1963. *Studies in Christian Caucasian History.* Washington, DC.

Tourovets, Alexandre. 2005. "Some Reflexions about the Relation Between the Architecture of Northwestern Iran and Urartu: the Layout of the Central Temple of Nush-I Djan." *Iranica Antiqua* 15: 359-370.

Tretiakov, P. N.; A. L. Mongait. 1961. *Contributions to the Ancient History of the U.S.S.R., with special reference to Transcaucasia.* Selections from The Outline of the History of the U.S.S.R. Russian Translation Series of the Peabody Museum of Archaeology and Ethnology, Harvard University, 1(3). [Trans. Vladimir M. Maurin; Edited by Henry Field and Paul Tolstoy]. Cambridge, MA: Peabody Museum.

Tsetskhladze, Gocha R. 1995. Review: Braund, D. Georgia in Antiquity. "A History of Colchis and Transcaucasian Iberia, 550 B. C.-A. D. 562." In *The Classical Review, New Series* 45(2): 358-360.

Tsetskhladze, Gocha R. 2005. "The Caucasus and the Iranian World in the Early Iron Age: Two Graves from Treli." *Iranica Antiqua* 15: 437-446.

Велиев, С. С.; М. М. Мансуров. К вопросу о возрасте древнейших слоев Азыхской пещерной стоянки. Доклады Академии Наук Азербайджана, 1999, № 3-4).

Voultsiadou, Eleni; Apostolos Tatolas. 2005. "The Fauna of Greece and Adjacent Areas in the Age of Homer: Evidence from the First Written Documents of Greek literature." *Journal of Biogeography* 32: 1875-1882.

Wells, R. Spencer et al. 2001. "The Eurasian Heartland: A Continental Perspective on Y-Chromosome Diversity." *Proceedings of the National Academy of Sciences of the United States of America* 98(18): 10244-10249.

Wheeler, Everett L. 1993. "Methodological Limits and the Mirage of Roman Strategy: Part I." *Journal of Military History* 57(1): 7-41.

Whittock, Michael. 1959. "Ermolov-Proconsul of the Caucasus." *Russian Review* 18(1): 53-60.

Wilson, Annalie; Terry Knott; Mehmet Binay. BP Azerbaijan SPU (Baku). 2006. *The Shah Deniz Gas Story.* Baku: BP Azerbaijan SPU.

Yakar, Jak. 2000. *Prehistoric Anatolia: The Neolithic Transformation and the Early Chalcolithic Period.* Monograph Series of the Institute of Archaeology, Tel Aviv University. Tel Aviv: University of Tel Aviv.

Yakar, Jak. 2000. *Ethnoarchaeology of Anatolia: rural Socio-Economy in the Bronze and Iron Ages.* Tel Aviv University Institute for Archaeology Monograph Series (17). Tel Aviv, Israel.

Yener, K. Aslihan. 1995. "The Archaeology of Empire in Anatolia: Comments." *Bulletin of the American Schools of Oriental Research* 299/300: 117-121.

Yener, K. Aslihan. 2000. *The Domestication of Metals: The Rise of Complex Metal Industries in Anatolia.* Boston: Brill.

Zamyatnin, S. N. 1940. "The Navalishinskaya and Akhshtyrskaya Caves on the Black Sea Coast of the Caucasus (in Russian)." *Byulleten' Komissii po Izucheniyu Chetvertichnogo Perioda* 6-7: 100-101.

Zamyatnin, S. N. 1950. "The Study of the Palaeolithic Period in the Caucasus 1936-1948 (in Russian)." *Materialy po chetvertichnomu periodu SSSR* 2: 127-139.

Zeder, Melinda A. 2000. "The Initial Domestication of Goats (Capra Hircus) in the Zagros Mountains 10,000 Years Ago." *Science* 287: 2254-2257.

Zimansky, Paul E. 1985. *Ecology and Empire--The Structure of the Urartian State.* Chicago, Ill.: Oriental Institute of the University of Chicago.

Zimansky, Paul. 1995. "Urartian Material Culture as State Assemblage: An Anomaly in the Archaeology of Empire." *Bulletin of the American Schools of Oriental Research* 299/300: 103-115.